理工系のための
入門 数理統計学演習

瀬尾 隆 監修　下川朝有・八木文香・宮岡悦良 著

東京図書

Mathematical Statistics

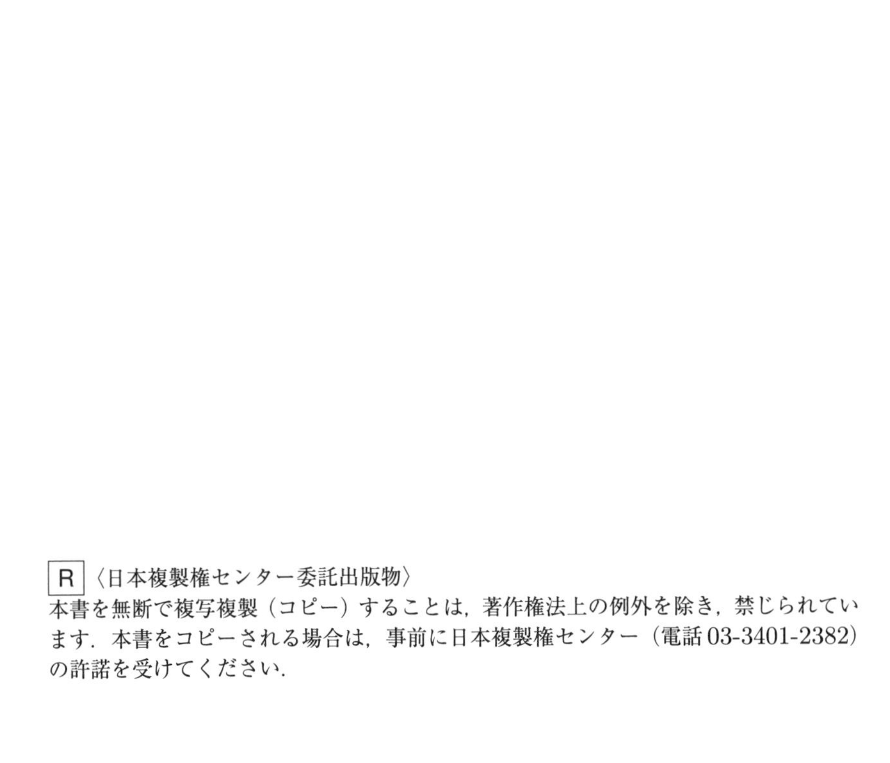

著者によるまえがき

本書は大学初年級向けの数理統計学を学ぶ人のための演習書である．近年，コンピュータの著しい発展によって，爆発的な処理能力と計算速度の向上に伴い，人工知能（AI）や機械学習などがあらゆる分野に取り入れられるようになり注目を浴びている．それに伴ってその根幹の一つともいえるデータサイエンスの有用性が認識され，数理データサイエンスである数理統計学の重要性がますます大きくなっている．

そのような背景の下，本演習書は，理工系学生を対象として数理統計学を学ぶ人に理論的な理解をより深めてもらうことを期待して執筆したものである．内容としては数理統計学の基本的なものを中心とし，大学初年度での微積分や線形代数の基本的知識があれば十分である．本書で演習問題を解くことによって数理統計学の概念を理解し，さらなる専門書を読む上での糧になるものと確信している．

構成としては，特に共立出版株式会社の『入門・演習 数理統計』（野田一雄・宮岡悦良著）を参考にし，確率そして確率変数の概念から始まり，いろいろな確率分布の紹介，推定，仮説検定と続いている．第１章，第２章を八木文香先生が担当し，第４章を私（瀬尾）が担当し，そして，第３章，第５章，第６章は下川朝有先生と宮岡悦良先生が担当した．

また各章各節の初めに，重要な定義や定理などを紹介し，各節ごとに例題とその詳しい解説を述べ，その後の演習問題が解きやすいように配慮したつもりである．できるだけ基本的な定義や定理を網羅したつもりであるが，不十分なところがあるかもしれない．

終わりに，本書の TeX 原稿の作成を手伝っていただいた，東京理科大学理学部第一部応用数学科および理学研究科応用数学専攻の瀬尾研究室と下川研究室の学生の皆さん，特に，瀬尾研究室の福井聖さんには深く感謝の意を表したい．また本書の出版にあたり，終始ご尽力いただいた東京図書株式会社の川上禎久氏に心からお礼申し上げます．

2024 年 9 月

瀬尾 隆

本書で用いる記号について

代表的な記号	意味
$\mathrm{Cov}(X,Y)$, σ_{xy}	X と Y の共分散
$\mathrm{E}(X)$, μ	確率変数 X の期待値
$\mathrm{E}_\theta[X]$, $\mathrm{V}_\theta[X]$	パラメータが θ のときの確率変数 X の期待値，分散
$I_n(\theta)$	フィッシャー情報量
$\boldsymbol{R}$, $\boldsymbol{R}^n$	実数の集合，n 次元実ベクトルの集合
$\mathrm{Var}(X), \sigma^2$	X の分散
ρ，ρ_{XY}	X と Y の母相関係数，他に $\rho(X,Y)$
Ω	標本空間
$\xrightarrow{p}$，$\xrightarrow{d}$	確率収束と分布収束（法則収束 $\xrightarrow{L}$ もある）
$\Gamma(\cdot)$	ガンマ関数
$\phi(\cdot)$	標準正規分布の確率密度関数
$\Phi(\cdot)$	標準正規分布の分布関数
$\varphi(\cdot)$	検定関数
Θ	パラメータ空間
ρ	統計モデル
H_0	帰無仮説
H_1	対立仮説
C	棄却域
$t_{n,\alpha}$	自由度 n の t 分布の上側 100α パーセント点
z_α	標準正規分布の上側 100α パーセント点
$\chi^2_{n,\alpha}$	自由度 n の χ^2 分布の上側 100α パーセント点
$F_{n,m,\alpha}$	自由度 n,m の F 分布の上側 100α パーセント点

$\sum$，$\prod$ について

- $\displaystyle\sum_{i=1}^{n}$，$\sum_{i=1}^{n}$，$\displaystyle\sum_{i}$，$\sum_i$ はすべて同じ意味を表し，範囲が明らかな場合は添字は省略されることがある.
- $\prod$ についても同様である.

目　次

◆装幀　岡 孝治

第1章

確率

1.1　標本空間と事象

1.1.1　標本空間

Ωをある集合とし，その要素がある実験 (experiment)，または試行 (trial) を行った場合の起こり得る結果に対応しているとき，その集合Ωを**標本空間** (sample space) という．標本空間の要素を**標本点** (sample point) と呼び，標本空間の部分集合を**事象** (event) という．

1.1.2　事象とその演算

起こり得ない事象を**空事象** (impossible event) といい，必ず起こる事象を**全事象** (sure event) という．すなわち，空事象とは空集合ϕのことであり，全事象とは標本空間そのもののことである．A，Bが事象であるとき，$A \cup B$を**和事象** (union of events A and B)，$A \cap B$を**積事象**，または**共通事象** (intersection of events A and B) という．Aが起こらない事象をAの**余事象** (complement) といいA^cで表す ($A^c = \{\omega \in \Omega; \omega \notin A\}$)．つまり，$A^c$が起きたということは$A$が起きなかったことと同じである．また，$A - B = A \cap B^c$を事象$A$と事象$B$の**差事象** (difference) という．特に，事象AとBの積事象が空事象のとき ($A \cap B = \phi$)，AとBとは**互いに排反する** (mutually exclusive or disjoint) という．

次のような事象の演算が成り立つ．ただし，A, B, C, A_i，$i = 1, 2, \ldots$ は事象，Ωは標本空間．

(i)　$A \cup B = B \cup A$，$A \cap B = B \cap A$ (交換法則)

(ii) $A \cup (B \cup C) = (A \cup B) \cup C$, $A \cap (B \cap C) = (A \cap B) \cap C$ (結合法則)

(iii) $A \cup (B \cap C) = (A \cup B) \cap (A \cup C)$, $A \cap (B \cup C) = (A \cap B) \cup (A \cap C)$ (分配法則)

(iv) $\left(\bigcup_{i=1}^{n} A_i\right) \cap B = \bigcup_{i=1}^{n} (A_i \cap B)$

※ $n = 2$ の場合，$(A_1 \cup A_2) \cap B = (A_1 \cap B) \cup (A_2 \cap B)$

(v) $\left(\bigcap_{i=1}^{n} A_i\right) \cup B = \bigcap_{i=1}^{n} (A_i \cup B)$

(vi) ド・モルガンの法則 (De Morgan's laws)

$(A \cup B)^c = A^c \cap B^c$, $(A \cap B)^c = A^c \cup B^c$

$\left(\bigcup_i A_i\right)^c = \bigcap_i A_i^c$, $\left(\bigcap_i A_i\right)^c = \bigcup_i A_i^c$

(vii) $\Omega^c = \phi$, $\phi^c = \Omega$, $\Omega \cup A = \Omega$, $\Omega \cap A = A$, $\phi \cup A = A$,

$\phi \cap A = \phi$, $A \cup A^c = \Omega$, $(A^c)^c = A$, $A \cap A^c = \phi$

(viii) $A = (A \cap B^c) \cup (A \cap B)$,

$A \cup B = A \cup (A^c \cap B) = B \cup (A \cap B^c) = (A \cap B^c) \cup (A \cap B) \cup (A^c \cap B)$

(ix) $B \subset A$ ならば, $A \cup B = A$, $A \cap B = B$.

問1

(i) 標本空間を $\Omega = \{0, 1, 2, 3, 4, 5, 6, 7, 8\}$ とし，$A = \{0\}$, $B = \{1, 2, 3, 4, 5\}$, $C = \{2, 4, 6, 8\}$ とするとき，次の事象を述べよ．

(a) A^c　(b) $A \cup B$　(c) $A \cap B$　(d) $A^c \cap C$　(e) $A^c \cup B^c$

(f) $(A \cap B)^c$　(g) $A \cap B \cap C$　(h) $A \cup B \cup C$　(i) $(A \cap B) \cup C$

(j) $A \cap (B \cup C)$　(k) $(A \cap B^c) \cup (A^c \cap B)$

(ii) 標本空間を $\Omega = \{x\ ;\ 0 \leq x < \infty\}$ とし，$A = \{x\ ;\ 0 \leq x \leq 2\}$, $B = \{x\ ;\ 1 < x \leq 4\}$, $C = \{x\ ;\ 2 \leq x \leq 3\}$ とするとき，上の (i) の (a)～(k) の事象を述べよ．

1.2　確率の公理

1.2.1　確率公理

標本空間 Ω の事象 A に確率公理 (probability axioms)

(i)　$P(A) \geq 0$

(ii)　$P(\Omega) = 1$

(iii)　$A_1, A_2, \ldots$ が互いに排反する事象 $(A_i \cap A_j = \phi, i \neq j)$ のとき

$$P\left(\bigcup_{i=1}^{\infty} A_i\right) = \sum_{i=1}^{\infty} P(A_i)$$

を満たすように実数を対応させる関数 P を**確率** (probability) という．

また，確率の定義域は標本空間 Ω の部分集合の集まり $\mathcal{F}$ で次の性質をもつ．

(i)　$\Omega \in \mathcal{F}$

(ii)　$A \in \mathcal{F}$ ならば $A^c \in \mathcal{F}$

(iii)　$A_1, A_2, \ldots \in \mathcal{F}$ ならば $\displaystyle\bigcup_{i=1}^{\infty} A_i \in \mathcal{F}$

このような部分集合の集まりを**完全加法族** (completely additive class) または **σ-集合体** (sigma-field) という．

確率 P は $P : \mathcal{F} \to \boldsymbol{R}$ なる集合関数で確率公理 (i),(ii),(iii) を満たすものである．$(\Omega, \mathcal{F}, \mathcal{P})$ を特に**確率空間** (probability space) と呼ぶ．

基本性質

(i)　確率空間 $(\Omega, \mathcal{F}, P)$ において，$P(\phi) = 0$

(ii)　$A_i \in \mathcal{F}\,(i = 1, 2, \ldots, n)$ が有限個の互いに排反とする事象であるとき

$$P\left(\bigcup_{i=1}^{n} A_i\right) = \sum_{i=1}^{n} P(A_i)$$

が成り立つ．

(iii)　A が事象ならば，$P(A^c) = 1 - P(A)$

(iv)　事象 A, B が $A \subset B$ ならば, $P(A) \leq P(B)$

(v)　A が事象ならば，$0 \leq P(A) \leq 1$

1.2.2　ブールの不等式 (Boole's inequality)

A_1，A_2，…，A_n が事象のとき

$$P\left(\bigcup_{i=1}^{n} A_i\right) \leq \sum_{i=1}^{n} P(A_i)$$

が成り立つ.

※上の不等式は任意の個数の事象 A_1, A_2, ... に対しても成り立つ.

1.2.3　ボンフェロニの不等式 (Bonferroni's inequality)

A_1, A_2, ..., A_n が事象のとき

$$P\left(\bigcap_{i=1}^{n} A_i\right) \geq 1 - \sum_{i=1}^{n} P(A_i^c)$$

が成り立つ.

1.2.4　加法定理 (addition theorem)

A, B が事象ならば

$$P(A \cup B) = P(A) + P(B) - P(A \cap B)$$

が成り立つ.

例 1.1

$P(A) = 0.5$, $P(B) = 0.4$, $P(A \cap B) = 0.4$ が与えられているとき, 次の確率を求めよ.

(i) $P(A^c)$　(ii) $P(A \cup B)$　(iii) $P((A \cup B)^c)$　(iv) $P(A^c \cup B^c)$
(v) $P(A \cap B^c)$　(vi) $P(A^c \cup B)$

答

(i) $P(A^c) = 1 - P(A)$
$= 0.5$

(ii) $P(A \cup B) = P(A) + P(B) - P(A \cap B)$
$= 0.5$

(iii) $P((A \cup B)^c) = 1 - P(A \cup B)$
$= 0.5$

(iv) $P(A^c \cup B^c) = P((A \cap B)^c)$ ($\because$ ド・モルガンの法則)
$= 0.6$

(v) $P(A \cap B^c) = P(A) - P(A \cup B)$
$= 0.1$

(vi) $P(A^c \cup B) = P(A^c) + P(B) - P(A^c \cap B)$
$= 0.9$

問 2　$P(A) = 0.35$, $P(B) = 0.2$, $P(C) = 0.4$, $P(A \cap B) = 0.15$, $P(A \cap C) = 0.15$, $P(B \cap C) = 0.1$, $P(A \cap B \cap C) = 0.05$ が与えられているとき, 次の確率を求めよ.

(i) $P(A^c)$　(ii) $P(A \cup B)$　(iii) $P((A \cup B)^c)$　(iv) $P(A \cup B \cup C)$
(v) $P((A \cup B) \cap C)$　(vi) $P(A \cup (B \cap C))$

問 3　あるゼミには男性が 7 人, 女性が 5 人, 合計 12 人の学生がいる. この中から研究発表をする 4 人を選ぶとき, 次の確率を求めよ. ただし, 1 人 1 回しか発表しないものとする.

(i) 選ばれたのがすべて女性である.
(ii) 男性が 3 人, 女性が 1 人選ばれる.
(iii) 少なくとも 1 人は男性が選ばれる.

1.3　条件付き確率

1.3.1　条件付き確率

ある事象 B が起こったもとでの事象 A の確率を B が与えられたときの A の条件付き確率 (conditional probability of A given B) といい, $P(A|B)$ と書き, 次のように定義される.

$$P(A|B) = \frac{P(A \cap B)}{P(B)}$$

ただし, $P(B) > 0$ のときにのみに定義され, $P(B) = 0$ のときは $P(A|B)$ は定義されない.

1.3.2　乗法定理 (multiplication rule)

$$P(A \cap B) = P(A|B)\,P(B)$$

ただし, $P(B) > 0$.

例 1.2

$P(A)=0.7$, $P(B)=0.4$, $P(A|B)=0.3$ のとき, 次の確率を求めよ.

(i) $P(A\cap B)$　(ii) $P(A\cup B)$　(iii) $P(B|A)$　(iv) $P(A^c|B)$

答

(i)　$P(A\cap B)=P(A|B)P(B)=0.12$

(ii)　$P(A\cup B)=P(A)+P(B)-P(A\cap B)=0.98$

(iii)　$P(B|A)=\dfrac{P(A\cap B)}{P(A)}=\dfrac{6}{35}$

(iv)　$P(A^c|B)=1-P(A|B)=0.7$

問4　$P(A\cap B^c)=0.3$, $P(B)=0.3$ のとき, 次の確率を求めよ.

(i) $P(A|B^c)$　(ii) $P(A^c|B^c)$　(iii) $P(A^c\cap B^c)$　(iv) $P(A\cup B)$

問5　$P(A)=0.3$, $P(B)=0.5$, $P(C)=0.5$, $P(A\cap B)=P(A\cap C)=P(B\cap C)=0.2$, $P(A\cap B\cap C)=0.1$ のとき, 次の確率を求めよ.

(i)　(a) $P(A|B)$　(b) $P(A^c|B)$　(c) $P(A|B^c)$　(d) $P(B|A)$
　(e) $P(B|A^c)$

(ii)　(a) $P(A|A\cup B)$　(b) $P(A|A\cap B)$　(c) $P(A|A^c\cap B)$
　(d) $P(A|A^c\cup B)$　(e) $P(A^c|A\cup B)$

(iii)　(a) $P(A|A\cup B\cup C)$　(b) $P(A^c|A\cup B\cup C)$
　(c) $P(A\cap B|A\cup B\cup C)$　(d) $P(A\cup B|A\cup B\cup C)$

1.4　独立性

1.4.1　独立

事象 A, B が $P(A\cap B)=P(A)P(B)$ を満たすとき, A と B は独立 (independent) であるという.

例 1.3

事象 A, B が独立で $P(A)=0.6,\ P(B)=0.3$ のとき, 次の確率を求めよ.

(i) $P(A\cap B)$ (ii) $P(A\cup B)$ (iii) $P(A^c\cap B)$ (iv) $P(A^c\cap B^c)$
(v) $P((A\cap B^c)\cup(A^c\cap B))$

答

(i) $P(A\cap B)=P(A|B)P(B)=P(A)P(B)=0.6\cdot 0.3=0.18$

(ii) $P(A\cup B)=P(A)+P(B)-P(A\cap B)=0.6+0.3-0.18=0.72$

(iii) $P(A^c\cap B)=P(A^c)P(B)=0.12$

※ $P(B)-P(A\cap B)$ で求めてもよい.

(iv) $P(A^c\cap B^c)=P(A^c)P(B^c)=0.4\cdot 0.7=0.28$

(v) $P((A\cap B^c)\cup(A^c\cap B))=P(A\cap B^c)+P(A^c\cap B)=0.54$

※ $P((A\cap B^c)\cap(A^c\cap B))=P(\phi)=0$

問 6 事象 A, B, C が独立で $P(A)=0.5,\ P(B)=0.3,\ P(C)=0.2$ のとき, 次の確率を求めよ.

(i) $P(A\cap B)$ (ii) $P(A\cap B\cap C)$ (iii) $P(A^c\cap B)$
(iv) $P(A\cup B\cup C)$ (v) $P(A^c\cap B^c\cap C^c)$ (vi) $P(A|B\cap C)$
(vii) $P(A\cup B|C)$

1.5 全確率の定理とベイズの定理

1.5.1 全確率の定理 (total probability theorem)

$A_1, A_2, \ldots$ を標本空間 Ω の分割とする. このとき, $P(A_i)>0,\ i=1,2,\ldots$ ならば, 事象 B に対して

$$P(B)=\sum_{i=1}^{\infty}P(A_i)P(B|A_i).$$

※互いに排反であり, その和が標本空間であるような事象を標本空間の分割という.

1.5.2 ベイズの定理 (Bayes' theorem)

$A_1, A_2, \ldots$ を標本空間 Ω の分割で，$P(A_i) > 0,\ i = 1, 2, \ldots$ とする．B が事象で $P(B) > 0$ ならば

$$P(A_i|B) = \frac{P(A_i)P(B|A_i)}{\displaystyle\sum_{j=1}^{\infty} P(A_j)P(B|A_j)}, \quad i = 1, 2, \ldots$$

が成り立つ．

例 1.4

A 町では動画配信サービス X を契約している家が 60% で，B 町では動画配信サービス X を契約している家が 50%，C 町では動画配信サービス X を契約している家が 30% である．3 つの町の中から 1 つ選んでその中から 1 軒選んだとき，その家が動画配信サービス X を契約していない確率を求めよ．

答　事象をそれぞれ

A：選んだ町が A 町である，B：選んだ町が B 町である，

C：選んだ町が C 町である，D：動画配信サービス X を契約していない

とする．このとき，対応する確率はそれぞれ以下のようになる．

$$P(A) = P(B) = P(C) = \frac{1}{3},$$
$$P(D|A) = 0.4,\ P(D|B) = 0.5,\ P(D|C) = 0.7$$

以上から，今求めたい確率は

$$P(D) = P(D|A)P(A) + P(D|B)P(B) + P(D|C)P(C) = \frac{8}{15}$$

となる．

問 7　証人が車の色を証言するとき，実際に赤い色の車を見た場合，赤と正しく答える確率が 0.8，実際には他の色の車を見たのに赤と答える確率が 0.4 だとする．いま，車の 2 割が赤であるとすると，証人が赤であると答えたとき，実際は他の色である確率を求めよ．

章末問題

問題1　標本空間を $\Omega = \{x \; ; \; 0 \leq x < \infty\}$ とし，区間 $A = [a, b)$ の確率が次のように与えられている．

$$P(A) = P([a, b)) = \int_a^b e^{-x} dx$$

$A_1 = \{x \; ; \; 0 \leq x < 3\}$, $A_2 = \{x \; ; \; 1 \leq x < 4\}$, $A_3 = \{x; x = 5\}$ のとき，次の確率を求めよ．

(i) $P(A_1)$　(ii) $P(A_2)$　(iii) $P(A_3)$　(iv) $P(A_1 \cap A_2)$
(v) $P(A_1 \cup A_2)$　(vi) $P(A_1^c)$　(vii) $P(A_1^c \cap A_2)$

問題2　$P(A) = 0.6$, $P(B) = 0.4$, $P(A \cap B) = 0.2$ とするとき，次の確率を求めよ．
(i) $P(A \cup B)$　(ii) $P(A^c)$　(iii) $P((A \cap B)^c)$　(iv) $P(A \cup B^c)$
(v) $P(A|B)$　(vi) $P(A^c|B)$　(vii) $P(A|A \cup B)$　(viii) $P(A|A \cup B^c)$
(ix)$P(A \cap B|A)$　(x) 事象 A と B は独立か?

問題3　$P(A) = 0.4$, $P(B) = 0.3$ とする．
(i)　事象 A と B が独立な場合，次の確率を求めよ．
　(a) $P(A \cap B)$　(b) $P(A \cup B)$　(c) $P(A^c \cap B)$　(d) $P(A|B)$
　(e) $P(A|A \cap B)$　(f) $P(A|A \cup B)$
(ii)　事象 A と B が互いに排反の場合，上の (i) の (a)∼(f) の確率を求めよ．

問題4　$P(A) = 0.3$, $P(B) = 0.5$, $P(C) = 0.4$, $P(A \cap B) = 0.15$, $P(A \cap C) = 0.2$, $P(B \cap C) = 0.3$, $P(A \cap B \cap C) = 0.1$ のとき，次の確率を求めよ．
(i) $P(A \cup B)$　(ii) $P(A \cup B \cup C)$　(iii) $P((A \cup B \cup C)^c)$
(iv) $P(A \cup (B \cap C))$　(v) $P((A \cup B) \cap C)$　(vi) $P(A|A \cup B \cup C)$
(vii) 事象 A，B，C は独立か？

問題5　A と B が事象のとき

$$P(A \cap B) \leq P(A) \leq P(A \cup B) \leq P(A) + P(B)$$

を示せ．

問題6　ブールの不等式 (1.2.2 項) を証明せよ．

問題7　ボンフェロニの不等式 (1.2.3 項) を証明せよ．

問題8　A_1，A_2，... が事象のとき，次を証明せよ．
(i)　$A_1 \subset A_2 \subset \cdots$ であり，$\bigcup_i A_i = A$ ならば，$\lim_{n \to \infty} P(A_n) = P(A)$
(ii)　$A_1 \supset A_2 \supset \cdots$ であり，$\bigcap_i A_i = A$ ならば，$\lim_{n \to \infty} P(A_n) = P(A)$

第2章

確率変数

2.1　確率変数と分布関数

2.1.1　確率変数

標本空間 Ω とその確率 P が与えられているとき，その標本空間の点 ω に実数を対応させる関数 $X(\omega)$ を**確率変数**（random variable）という．そのとき，事象 $A \subset \boldsymbol{R}$ に対する $X \in A$ なる確率 $P_X(A)$ は

$$P_X(A) = P(\{\omega; X(\omega) \in A\})$$

で与えられる．このようにして得られた P_X を確率変数 X の**確率分布**（probability distribution）という．確率変数は，その確率分布 P_X によって特徴づけられる．

同様に，標本空間から $\boldsymbol{R}^n$ への関数を n **次元確率変数**，または**確率ベクトル**（n-dimensional random vector）という．

2.1.2　分布関数

確率変数 X の**分布関数**（distribution function），F_X は，すべての実数 x に対して次のように定義される．

$$F_X(x) = P(X \leq x) = P(\{\omega; X(\omega) \leq x\})$$

2.1.3　基本性質

(i)　すべての $x \in \boldsymbol{R}$ について，$0 \leq F_X(x) \leq 1$.

(ii) 分布関数 F_X は非減少である．つまり

$$x_1 < x_2 \Rightarrow F_X(x_1) \leq F_X(x_2).$$

(iii) $F_X(-\infty) = \lim_{x \to -\infty} F_X(x) = 0, F_X(\infty) = \lim_{x \to \infty} F_X(x) = 1$

(iv) 分布関数は右連続である．つまり

$$F_X(x) = F_X(x+) = \lim_{\substack{t \to x \\ t > x}} F_X(t).$$

例 2.1

確率変数 X の分布関数が次のように与えられている．

$$F_X(x) = \begin{cases} 0 & x < 2 \\ 0.2 & 2 \leq x < 5 \\ 0.8 & 5 \leq x < 7 \\ 1 & 7 \leq x \end{cases}$$

次の確率を求めよ．

(i) $P(X \leq 5)$　(ii) $P(2 < X \leq 6)$　(iii) $P(X = 5)$
(iv) $P(X < 5)$　(v) $P(X > 5)$　(vi) $P(-1 \leq X \leq 0)$
(vii) $P(5 \leq X \leq 6)$

答

(i) $P(X \leq 5) = F_X(5) = 0.8$

(ii)
$$\begin{aligned} P(2 < X \leq 6) &= P(X \leq 6) - P(X \leq 2) \\ &= F_X(6) - F_X(2) = 0.6 \end{aligned}$$

(iii)
$$\begin{aligned} P(X = 5) &= P(X \leq 5) - P(X < 5) \\ &= F_X(5) - F_X(5-) = 0.6 \end{aligned}$$

(iv) $P(X < 5) = F_X(5-) = 0.2$

(v) $P(X > 5) = 1 - P(X \leq 5) = 1 - F_X(5) = 0.2$

(vi) $P(-1 \leq X \leq 0) = F_X(0) - F_X(-1-) = 0$

(vii) $P(5 \leq X \leq 6) = F_X(6) - F_X(5-) = 0.6$

問1　確率変数 Y の分布関数が次のように与えられている．

$$F_Y(y) = \begin{cases} 0 & y < -2 \\ \dfrac{1}{3} & -2 \le y < 5 \\ -1 + \dfrac{y}{3} & 5 \le y < 6 \\ 1 & 6 \le y \end{cases}$$

次の確率を求めよ．

(i) $P(Y \le 0)$　　(ii) $P(Y \le 5)$　　(iii) $P(Y < 5)$

(iv) $P(-1 \le Y \le 5)$　　(v) $P(3 < Y \le 5.4)$

(vi) $P(Y > 4|3 < Y \le 5.4)$

2.2　離散型と連続型確率変数

2.2.1　離散型確率変数

確率変数 X が有限個 $x_1, x_2, \ldots, x_n$，または可算無限個 $x_1, x_2, \ldots$ の値をとるとき，その確率変数は**離散型**（discrete random variable）であるという．

離散型確率変数の分布はその**確率関数**（probability function）

$$f_X(x) = P(X = x),\ x \in \boldsymbol{R}$$

によって与えられる．x が確率変数 X の取りうる値でないときは $f_X(x) = 0$．このとき

(i)　すべての $x \in \boldsymbol{R}$ について，$f_X(x) \ge 0$,

(ii)　$\displaystyle\sum_i f_X(x_i) = 1$.

2.2.2　連続型確率変数

確率変数 X について次のように，すべての x で

$$P(X \le x) = F_X(x) = \int_{-\infty}^{x} f_X(t)dt$$

なる非負の関数 $f_X(x)$ が存在するとき，X を**連続型確率変数**（continuous random variable）であるといい，$f_X(x)$ を X の**確率密度関数**（probability density function）という．すなわち

(i) すべての $x \in \boldsymbol{R}$ について，$f_X(x) \geq 0$,

(ii) $\displaystyle\int_{-\infty}^{\infty} f_X(t)dt = 1$.

例 2.2

次の関数が確率密度関数であることを示し，その分布関数を求め，グラフを描け．

$$f_X(x) = \begin{cases} \dfrac{1}{b-a} & a \leq x \leq b \\ 0 & \text{その他の場合} \end{cases}$$

※この確率密度関数をもつ確率変数 X は区間 $[a, b]$ の一様分布 (uniform distribution) に従うという．

答 すべての $x \in \boldsymbol{R}$ で，$f_X(x)$ は非負，つまり $f_X(x) \geq 0$ である．

また，$\displaystyle\int_{-\infty}^{\infty} f_X(x)dx = \int_a^b \frac{1}{b-a}dx = 1$.

よって，$f_X(x)$ は確率密度関数である．　□

さらに，分布関数は次のように求められる．

$$F_X(x) = P(X \leq x) = \int_{-\infty}^{x} f_X(t)dt$$
$$= \begin{cases} \displaystyle\int_{-\infty}^{x} 0\ dt = 0 & x < a \\ \displaystyle\int_{-\infty}^{a} 0\ dt + \int_a^x \frac{1}{b-a}\ dt = \frac{x-a}{b-a} & a \leq x < b \\ \displaystyle\int_{-\infty}^{a} 0\ dt + \int_a^b \frac{1}{b-a}\ dt + \int_b^x 0\ dt = 1 & b \leq x \end{cases}$$

分布関数のグラフは図 2.1 のようになる．

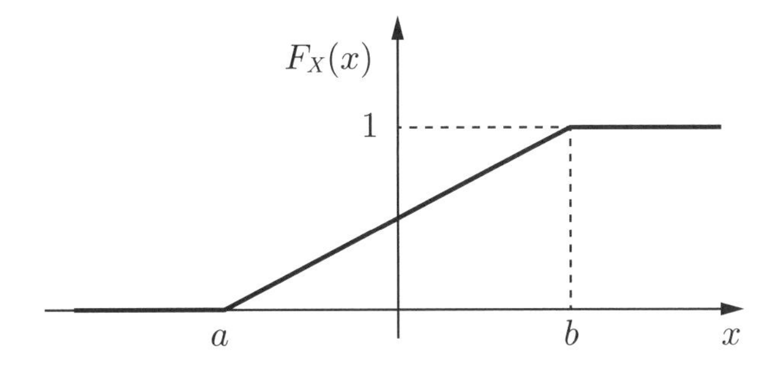

図 2.1　区間 $[a,b]$ の一様分布の分布関数

例 2.3

分布関数 $F_X(x)$ が次のように与えられているとき，その確率密度関数を求めよ．

$$F_X(x) = \begin{cases} 1 - \dfrac{1}{1+x} & x \geq 0 \\ 0 & x < 0 \end{cases}$$

答　$F_X(x)$ は全実数で連続であり，$x = 0$ 以外のところでは微分可能である．よって，$x = 0$ 以外でその確率密度関数は

$$\begin{aligned} f_X(x) &= \frac{d}{dx} F_X(x) \\ &= \begin{cases} 0 & x < 0 \\ \dfrac{1}{(1+x)^2} & 0 < x \end{cases} \end{aligned}$$

ただし，$x = 0$ では，$f_X(x)$ は任意．　□

※ $F_X(x)$ の微分不可能な点 $x = 0$ について，$f_X(0) = 0$ と定めた

$$f_X(x) = \begin{cases} 0 & x \leq 0 \\ \dfrac{1}{(1+x)^2} & 0 < x \end{cases}$$

も正解である．

例 2.4

次の関数が確率関数になるように定数 c を定め，$P(X > 3)$ を求めよ．

(i) $f_X(x) = \begin{cases} \dfrac{cx}{2} & x = 1, 2, 3, 4 \\ 0 & \text{その他の場合} \end{cases}$

(ii) $f_X(x) = \begin{cases} c\left(\dfrac{1}{2}\right)^{x-1} & x = 1, 2, \ldots \\ 0 & \text{その他の場合} \end{cases}$

答

(i) すべての $x \in \boldsymbol{R}$ で，確率関数は非負，つまり $f_X(x) \geq 0$ であるので，$x = 1, 2, 3, 4$ において $f_X(x) \geq 0$ を考えると，$c \geq 0$ である．
次に，$\sum_{x=1}^{4} f_X(x) = 1$ より，$\frac{c}{2} + c + \frac{3c}{2} + 2c = 1$. 以上から

$$c = \frac{1}{5}$$

と求めることができる．

このcは $c \geq 0$ を満たしていることから，$c = \frac{1}{5}$. よって

$$\begin{aligned} P(X > 3) &= P(X = 4) \\ &= \frac{1}{5} \cdot \frac{4}{2} = \frac{2}{5} \end{aligned}$$

となる．

(ii) すべての $x \in \boldsymbol{R}$ で，確率関数は非負，つまり $f_X(x) \geq 0$ であるので，$x = 1, 2, \ldots$ において $f_X(x) \geq 0$ を考えると，$c \geq 0$ である．
次に，$\sum_{x=1}^{\infty} f_X(x) = 1$ より，$\lim_{n\to\infty} \sum_{k=1}^{n} c\left(\frac{1}{2}\right)^{k-1} = 1$. 以上から

$$c = \frac{1}{2}$$

と求めることができる．

このcは $c \geq 0$ を満たしていることから，$c = \frac{1}{2}$. よって

$$\begin{aligned} P(X > 3) &= 1 - P(X \leq 3) \\ &= 1 - \left\{\frac{1}{2} \cdot \left(\frac{1}{2}\right)^{1-1} + \frac{1}{2} \cdot \left(\frac{1}{2}\right)^{2-1} + \frac{1}{2} \cdot \left(\frac{1}{2}\right)^{3-1}\right\} = \frac{1}{8} \end{aligned}$$

となる．

問2　次の関数が確率密度関数となるように定数cを定め, $P(X < 0.5)$, $P(0.5 \leq X \leq 1)$, $P(0.5 \leq X \leq 1|X > 0.5)$ を求めよ.

(i)　$$f_X(x) = \begin{cases} cx^2 & 0 < x < 3 \\ 0 & \text{その他の場合} \end{cases}$$

(ii)　$$f_X(x) = \begin{cases} c|x| & -1 < x < 3 \\ 0 & \text{その他の場合} \end{cases}$$

問3　分布関数が次のように与えられているとき, その確率密度関数を求めよ.

(i) $$F_X(x) = \begin{cases} 0 & x < 0 \\ \dfrac{x}{2} & 0 \leq x < 2 \\ 1 & 2 \leq x \end{cases}$$

(ii) $$F_X(x) = \begin{cases} 0 & x < 2 \\ 1 - \dfrac{4}{x^2} & 2 \leq x \end{cases}$$

(iii) $$F_X(x) = \begin{cases} 0 & x < 0 \\ \dfrac{x}{4} & 0 \leq x < 2 \\ 1 - \dfrac{1}{x} & 2 \leq x \end{cases}$$

問4　確率変数Xの確率密度関数が次のように与えられている.

$$f_X(x) = \begin{cases} \dfrac{1}{4}x^3 & 0 < x < 2 \\ 0 & \text{その他の場合} \end{cases}$$

(i) $P(X \leq c) = 0.5$であるようなcを求めよ.

(ii) $P(X \geq c) = 0.25$であるようなcを求めよ.

2.3　多次元確率分布

2.3.1　結合分布関数

次のように定義された$\boldsymbol{R}^2$から$[0,1]$への関数を確率変数X, Yの結合（または，同時）分布関数（joint distribution function）という.

$$F_{X,Y}(x,y) = P(X \leq x, Y \leq y), \quad -\infty < x < \infty, -\infty < y < \infty$$

基本性質

(i)　すべての$(x,y) \in \boldsymbol{R}^2$について，$0 \leq F_{X,Y}(x,y) \leq 1$.

(ii)　両変数に対して非減少．すなわち，あるyで固定したとき，$F_{X,Y}(x,y)$はxの非減少関数であり，あるxで固定したとき，$F_{X,Y}(x,y)$はyの非減少関数である．

(iii) $\lim_{x\to-\infty} F_{X,Y}(x,y)=0,\ \lim_{y\to-\infty} F_{X,Y}(x,y)=0,\ \lim_{\substack{x\to\infty\\ y\to\infty}} F_{X,Y}(x,y)=1$

(iv) それぞれの変数で右連続である．

2.3.2　結合確率関数

確率変数 X, Y がそれぞれ $x_1, x_2, \ldots,\ y_1, y_2, \ldots$ の有限個または可算無限個の値を取るとき，(X, Y) は離散型であるという．つまり，X も Y も離散型確率変数である場合である．その**結合確率関数**（joint probability function）は次のように定義される．

$$\text{すべての}\,(x,y)\in \boldsymbol{R}^2\text{について，}\ f_{X,Y}(x,y)=P(X=x, Y=y)$$

もちろん (x, y) が確率変数 (X, Y) の取りうる値でなければ，$f_{X,Y}(x,y)=0$ である．

1次元の場合と同様に結合確率関数は

(i) すべての $(x,y)\in \boldsymbol{R}^2$ について $f_{X,Y}(x,y)\geq 0$,

(ii) $\sum_i \sum_j f_{X,Y}(x_i, y_j)=1$

という性質をもつ．

2.3.3　結合確率密度関数

2次元確率変数 (X, Y) が連続型であるとは，次のような $\boldsymbol{R}^2$ で定義された非負の関数 $f_{X,Y}$ が存在する場合である．

$$\text{すべての}\,(x,y)\in \boldsymbol{R}^2\text{について，}\ F_{X,Y}(x,y)=\int_{-\infty}^{x}\int_{-\infty}^{y} f_{X,Y}(t,s)\,dsdt$$

$f_{X,Y}(x,y)$ は X, Y の**結合確率密度関数**（joint probability density function）で

(i) すべての $(x,y)\in \boldsymbol{R}^2$ について，$f_{X,Y}(x,y)\geq 0$,

(ii) $\int_{-\infty}^{\infty}\int_{-\infty}^{\infty} f_{X,Y}(x,y)\,dxdy=1$

を満たすものである．

2.3.4　周辺確率分布

2次元確率変数(X,Y)の結合確率分布からXの分布，またYの分布を導くことができる．このように導かれた分布をXの**周辺確率分布**（marginal probability distribution），また，Yの周辺確率分布という．

Xの**周辺分布関数**（marginal distribution function）は

$$F_X(x) = P(X \leq x) = \lim_{y\to\infty} P(X \leq x, Y \leq y) = \lim_{y\to\infty} F_{X,Y}(x,y).$$

同様にYの周辺分布関数は，$F_Y(y) = \lim_{x\to\infty} F_{X,Y}(x,y)$として求まる．

2.3.5　周辺確率関数と周辺確率密度関数

2次元確率変数(X,Y)が離散型の場合，(X,Y)の結合確率関数$f_{X,Y}(x,y)$からXの**周辺確率関数**（marginal probability function）$f_X(x)$，またはYの周辺確率関数$f_Y(y)$を次のように導くことができる．

$$f_X(x) = P(X = x) = \sum_y f_{X,Y}(x,y),$$
$$f_Y(y) = P(Y = y) = \sum_x f_{X,Y}(x,y)$$

つまり，$f_X(x)$を求めるには$f_{X,Y}(x,y)$をxで固定して，Yの取りうるすべての値で足すのである．

また，2次元確率変数(X,Y)が連続型の場合，(X,Y)の結合確率密度関数$f_{X,Y}(x,y)$からXの**周辺確率密度関数**（marginal probability density function）$f_X(x)$，またYの周辺確率密度関数$f_Y(y)$を次のように導くことができる．

$$f_X(x) = \int_{-\infty}^{\infty} f_{X,Y}(x,y)dy, \ f_Y(y) = \int_{-\infty}^{\infty} f_{X,Y}(x,y)dx$$

2.3.6　条件付き確率分布

(X,Y)が離散型の場合，確率変数Yがある特定のyという値を取ったと知らされたとき，確率変数Xの値がxである確率は1.3.1項の条件付き確率の定義と確率関数の定義により

$$P(X = x|Y = y) = \frac{P(X = x, Y = y)}{P(Y = y)} = \frac{f_{X,Y}(x,y)}{f_Y(y)}$$

で求められる．このようにして得られたXの分布を$Y = y$が与えられたときの

X の条件付き確率分布（conditional probability distribution of X given that $Y = y$）という．

$f_Y(y) > 0$ のとき

$$f_{X|Y}(x|y) = \frac{f_{X,Y}(x,y)}{f_Y(y)}$$

とおいて，$f_{X|Y}(x|y)$ を $Y = y$ が与えられたときの X の条件付き確率関数（conditional probability function）という．このとき

(i) $f_{X|Y}(x|y) \geq 0$,

(ii) $\displaystyle\sum_x f_{X|Y}(x|y) = \frac{\sum_x f_{X,Y}(x,y)}{f_Y(y)} = \frac{f_Y(y)}{f_Y(y)} = 1.$

同様にして，$X = x$ が与えられたときの Y の条件付き確率関数は

$$f_{Y|X}(y|x) = \frac{f_{X,Y}(x,y)}{f_X(x)}$$

と与えられる．ただし，$f_X(x) > 0$ の場合．

(X, Y) が連続型の場合，$Y = y$ が与えられているときの X の条件付き確率密度関数（conditional probability density function）を次のように定義する．

$$f_{X|Y}(x|y) = \frac{f_{X,Y}(x,y)}{f_Y(y)}$$

ただし，$f_Y(y) > 0$．このとき

(i) $f_{X|Y}(x|y) \geq 0$,

(ii) $\displaystyle\int_{-\infty}^{\infty} f_{X|Y}(x|y)dx = \frac{1}{f_Y(y)}\int_{-\infty}^{\infty} f_{X,Y}(x,y)dx = \frac{f_Y(y)}{f_Y(y)} = 1.$

例 2.5

確率変数 X と Y の結合確率関数が下の表のようである．

x \ y	-1	0	1	6
1	0.12	0.1	0.1	0.08
3	0.1	0.1	0.05	0.04
5	0.08	0.1	0.1	0.03

(i) 次の確率を求めよ．

(a) $P(X > 1,\ Y \leq 5)$　(b) $P(X > Y)$

(c) $P(X=1,\ Y<1)$ (d) $P(X=1,\ Y=0)$

(e) $P(X=0,\ Y=0)$ (f) $P(X=5)$

(ii) X の周辺確率関数, Y の周辺確率関数を求めよ.

(iii) X と Y が独立でないことを示せ.

(iv) $Y=0$ が与えられているときの X の条件付き確率関数を求め, $P(X \leq 3|Y=0)$ を求めよ.

答

(i) (a) $P(X>1, Y \leq 5) = 0.1+0.1+0.05+0.08+0.1+0.1 = 0.53$

(b) $P(X>Y) = 0.12+0.1+0.08+0.1+0.1+0.1+0.05+0.1 = 0.75$

(c) $P(X=1, Y<1) = 0.12+0.1 = 0.22$

(d) $P(X=1, Y=0) = 0.1$

(e) $P(X=0, Y=0) = 0$

(f) $P(X=5) = 0.08+0.1+0.1+0.03 = 0.31$

(ii) X の周辺確率関数 $f_X(x)$ は, $f_{X,Y}(x,y)$ を x で固定して, Y の取りうるすべての値で足せばよいので

$$f_X(x) = \begin{cases} 0.4 & x=1 \\ 0.29 & x=3 \\ 0.31 & x=5 \\ 0 & \text{その他の場合} \end{cases}$$

である. Y の周辺確率関数 $f_Y(y)$ は, $f_{X,Y}(x,y)$ を y で固定して, X の取りうるすべての値で足せばよいので

$$f_Y(y) = \begin{cases} 0.3 & y=-1,0 \\ 0.25 & y=1 \\ 0.15 & y=6 \\ 0 & \text{その他の場合} \end{cases}$$

である.

(iii) X と Y が独立であるためには, X と Y の取りうるすべての (x,y) において $f_{X,Y}(x,y) = f_X(x)f_Y(y)$ を満たさなければならないが, 例えば

$$f_{X,Y}(3,-1) = 0.1$$

であるが, (ii) より

$$f_X(3)f_Y(-1) = 0.29 \times 0.3 = 0.087$$

となり

$$f_{X,Y}(3,-1) \neq f_X(3)f_Y(-1)$$

であるので独立でない．　□

(iv) $Y = y$ が与えられたときの X の条件付き確率関数は

$$f_{X|Y}(x|y) = P(X = x|Y = y) = \frac{f_{X,Y}(x,y)}{f_Y(y)}$$

であるから，$Y = 0$ が与えられたときの X の条件付き確率関数は

$$f_{X|Y}(x|0) = \begin{cases} \dfrac{1}{3} & x = 1,3,5 \\ 0 & \text{その他の場合} \end{cases}$$

である．よって

$$P(X \leq 3|Y = 0) = \frac{2}{3}.$$

問5　次の関数が結合確率関数となるように定数 c を定め，$P(X = 1, Y > 1)$，$P(X = Y)$ を求めよ．

(i) $f(x,y) = \begin{cases} cx & x = 1,2,3,4\ ;\ y = 1,2 \\ 0 & \text{その他の場合} \end{cases}$

(ii) $f(x,y) = \begin{cases} c\mid x + y \mid & x = -1,0,1,4\ ;\ y = -1,0,2 \\ 0 & \text{その他の場合} \end{cases}$

問6　確率変数 X と Y の結合確率密度関数が次のように与えられている．

$$f_{X,Y}(x,y) = \begin{cases} \frac{1}{4}xy & 0 < x < 2,\ 0 < y < 2 \\ 0 & \text{その他の場合} \end{cases}$$

(i) 次の確率を求めよ．

(a) $P(0 < X \leq 0.2,\ 0.5 < Y < 0.8)$　(b) $P(X \leq Y)$　(c) $P(X = Y)$

(ii) X の周辺確率密度関数を求めよ．

(iii) Y の周辺確率密度関数を求めよ．

(iv) $X = x$ が与えられているときの Y の条件付き確率密度関数を求めよ．

(v) X と Y は独立であることを示せ．

問7 確率変数 X の確率密度関数と確率変数 Y の確率密度関数が，それぞれ次のように与えられている．

$$f_X(x) = \begin{cases} \frac{1}{2}x & 0 < x < 2 \\ 0 & \text{その他の場合} \end{cases}, \quad f_Y(y) = \begin{cases} \frac{3}{8}y^2 & 0 < y < 2 \\ 0 & \text{その他の場合} \end{cases}$$

X と Y が独立な場合，X と Y の結合確率密度関数を求めよ．また，$P(X > Y)$ を求めよ．

2.4 確率変数変換

2.4.1 $Y = h(X)$ の分布 (離散型確率変数の場合)

離散型確率変数 X の確率関数が，$f_X(x)$ で与えられているとき，$Y = h(X)$ の確率関数 $f_Y(y)$ は

$$f_Y(y) = P(Y = y) = P(h(X) = y) = \sum_{x;h(x)=y} f_X(x)$$

で求められる．

2.4.2 $Y = h(X)$ の分布 (連続型確率変数の場合)

連続型確率変数 X の分布関数と確率密度関数をそれぞれ $F_X(x)$，$f_X(x)$ とすると，$Y = h(X)$ の分布関数は

$$F_Y(y) = P(Y \le y) = P(h(X) \le y) = \int_{\{x;h(x)\le y\}} f_X(x)dx$$

で求められる．Y もまた連続型確率変数であれば，その分布関数が微分可能な点 y で確率密度関数を

$$f_Y(y) = \frac{dF_Y(y)}{dy}$$

と求めることができる．

X の確率密度関数から直接 $Y = h(X)$ の確率密度関数を導ける場合もある．連続型確率変数 X の確率密度関数を $f_X(x)$ とし，また $P(a < X < b) = 1$ とする．関数 $h(x)$ が区間 (a, b) において連続で狭義単調ならば，$Y = h(X)$ の確率密度関数は次のように与えられる．

$$f_Y(y) = \begin{cases} f_X(h^{-1}(y))\left|\dfrac{dh^{-1}(y)}{dy}\right| & \alpha < y < \beta \\ 0 & \text{その他の場合} \end{cases}$$

ただし，$x \in (a, b)$ のとき $y = h(x) \in (\alpha, \beta)$ であり，区間 (α, β) で $h(x)$ の逆関数 $h^{-1}(y)$ は微分可能とする．

2.4.3　たたみこみ

確率変数 X, Y を独立な連続型確率変数とすると，$S = X + Y$ の確率密度関数は次のように与えられる．

$$f_S(s) = \int_{-\infty}^{\infty} f_X(x) f_Y(s-x)dx$$

このようにして得られた関数 f_S を f_X と f_Y のたたみこみ (convolution) といい，$f_X * f_Y$ と表すことがある．

(X, Y) を連続型確率変数とし，その結合確率密度関数を $f_{X,Y}$ とするとき，次の変換を考える．

$$V = X - Y, W = XY, U = \frac{X}{Y} \text{（ただし，} P(Y = 0) = 0\text{）}$$

それぞれの確率密度関数は

(i) $f_V(v) = \displaystyle\int_{-\infty}^{\infty} f_{X,Y}(v+y, y)dy$,　(ii) $f_W(w) = \displaystyle\int_{-\infty}^{\infty} f_{X,Y}\left(x, \frac{w}{x}\right)\frac{1}{|x|}dx$,

(iii) $f_U(u) = \displaystyle\int_{-\infty}^{\infty} f_{X,Y}(yu, y)|y|dy$

である．

例 2.6

確率変数 X の確率密度関数が

$$f_X(x) = \begin{cases} e^{-x} & x > 0 \\ 0 & \text{その他の場合} \end{cases}$$

であるとき, 次の分布関数と確率密度関数を求めよ．

(i) $Y = X^3$　　(ii) $Y = e^X$

答

(i)　分布関数 $F_Y(y)$ は

$$F_Y(y) = P(X^3 \leq y) = P(X \leq y^{\frac{1}{3}}) = \int_{-\infty}^{y^{\frac{1}{3}}} f_X(x)dx$$

$$= \begin{cases} 1 - e^{-y^{\frac{1}{3}}} & 0 \leq y \\ 0 & y < 0 \end{cases}$$

である．次に，微分可能性を調べると，$y = 0$ 以外のところでは微分可能であることから，$y = 0$ 以外において確率密度関数 $f_Y(y)$ は

$$f_Y(y) = \frac{dF_Y(y)}{dy} = \begin{cases} \frac{1}{3}y^{-\frac{2}{3}}e^{-y^{\frac{1}{3}}} & 0 < y \\ 0 & y < 0 \end{cases}$$

となる．ただし，$y = 0$ のとき $f_Y(y)$ は任意の値を取る．

(ii)　分布関数 $F_Y(y)$ は

$$F_Y(y) = P(e^X \leq y) = P(X \leq \log y) = \int_{-\infty}^{\log y} f_X(x)dx$$

$$= \begin{cases} 1 - \frac{1}{y} & 1 \leq y \\ 0 & y < 1 \end{cases}$$

である．次に，微分可能性を調べると，$y = 1$ 以外のところでは微分可能であることから，$y = 1$ 以外において確率密度関数 $f_Y(y)$ は

$$f_Y(y) = \frac{dF_Y(y)}{dy} = \begin{cases} \frac{1}{y^2} & 1 < y \\ 0 & y < 1 \end{cases}$$

となる．ただし，$y = 1$ のとき $f_Y(y)$ は任意の値を取る．

問 8　確率変数 X が (0, 1) の一様分布に従うとき，$Y = -2\log X$ の確率密度関数を求めよ．

問 9　確率変数 X と Y が独立で同一な分布に従っている．その確率密度関数は

$$f(u) = \begin{cases} 2e^{-2u} & u > 0 \\ 0 & \text{その他の場合} \end{cases}$$

と与えられる．このとき

(i) $Z = X + Y$ の分布を求めよ．

(ii) $W = X/Y$ の分布を求めよ．

2.5　平均と分散

2.5.1　平均

確率変数の分布の中心の1つの定義として平均がある．確率変数 X の平均値（mean），または期待値（expectation）は

$$
\mathrm{E}(X) = \begin{cases} \displaystyle\sum_i x_i f_X(x_i) & \text{（離散型確率変数の場合）} \\ \displaystyle\int_{-\infty}^{\infty} x f_X(x) dx & \text{（連続型確率変数の場合）} \end{cases}
$$

と与えられる．ここで f_X は離散型の場合は確率関数，連続型のときは確率密度関数である．右辺が絶対収束の場合に平均値は存在するという．

<u>基本性質</u>

(i)

$$\mathrm{E}(aX + b) = a\mathrm{E}(X) + b$$

ただし，a, b は定数.

(ii)

$$
\begin{aligned}
&\mathrm{E}(a_1X_1 + a_2X_2 + \cdots + a_nX_n + b) \\
&= a_1\mathrm{E}(X_1) + a_2\mathrm{E}(X_2) + \cdots + a_n\mathrm{E}(X_n) + b
\end{aligned}
$$

ただし，$a_1, a_2, \ldots, a_n, b$ は定数.

(iii)　$X_1, X_2, \ldots, X_n$ が互いに独立のとき

$$\mathrm{E}(X_1X_2 \cdots X_n) = \mathrm{E}(X_1)\mathrm{E}(X_2) \cdots \mathrm{E}(X_n).$$

2.5.2　分散

確率変数 X の分散（variance）は次のように定義される．

$$
\begin{aligned}
\mathrm{V}(X) = \mathrm{Var}(X) &= \mathrm{E}\left[\left\{X - \mathrm{E}(X)\right\}^2\right] \\
&= \begin{cases} \displaystyle\sum_i \left\{x_i - \mathrm{E}(X)\right\}^2 f_X(x_i) & \text{（離散型の場合）} \\ \displaystyle\int_{-\infty}^{\infty} \left\{x - \mathrm{E}(X)\right\}^2 f_X(x) dx & \text{（連続型の場合）} \end{cases}
\end{aligned}
$$

右辺が絶対収束のときに分散は存在する．

確率変数 X の標準偏差（standard deviation）は

$$\mathrm{SD}(X) = \sqrt{\mathrm{Var}(X)} \quad \text{（分散の非負の平方根）}$$

で定義される.

基本性質

(i) c を定数とするとき

$$P(X = c) = 1 \text{ ならば，} \mathrm{Var}(X) = 0.$$

(ii) a, b を定数とするとき

$$\mathrm{Var}(aX + b) = a^2 \mathrm{Var}(X).$$

(iii) $\mathrm{Var}(X) = \mathrm{E}(X^2) - \{\mathrm{E}(X)\}^2$

2.5.3　メジアンとモード

分布の平均のほかに，分布の中心と考えられるものにメジアン（中央値）とモード（最頻値）がある.

確率変数 X の**中央値**，またはメジアン（median）は

$$P(X \geq m) \geq \frac{1}{2}, \quad P(X \leq m) \geq \frac{1}{2}$$

を満足させるような実数 m である．また，$F_X(x)$ を X の分布関数とすると

$$F_X(m-) \leq \frac{1}{2} \leq F_X(m)$$

を満たすような実数 m がメジアンである．分布関数が連続であれば，$F_X(m) = \dfrac{1}{2}$ である．つまり，分布をちょうど半分にする点がメジアンである.

確率関数や確率密度関数を最大にする値を分布のモード（mode）という.

2.6　積率

k をある正の整数とするとき，$\mathrm{E}(X^k)$ を確率変数 X の k **次積率**（k^{th}moment）といい，$\mathrm{E}(|X|^k)$ を k 次絶対積率（k^{th} absolute moment）と呼ぶ.

γ をある実数とすると，$\mathrm{E}[(X - \gamma)^k]$ を γ **のまわりの** k **次の積率**（k^{th} moment about γ）という．特に，$\gamma = E(X)$ のとき，$\mathrm{E}[(X - \mathrm{E}(X))^k]$ を k **次の中心積率**（k^{th}central moment）と呼ぶことがある.

2.6.1 積率母関数

確率変数 X の**積率母関数**（moment generating function）は次のように定義される．$t \in \boldsymbol{R}$ に対して

$$m_X(t) = \mathrm{E}(e^{tX}) = \begin{cases} \displaystyle\sum_k e^{tk} f_X(k) & \text{（離散型の場合）} \\ \displaystyle\int_{-\infty}^{\infty} e^{tx} f_X(x)dx & \text{（連続型の場合）} \end{cases}$$

ここで，$f_X(x)$ は，離散型の場合は X の確率関数，連続型の場合は確率密度関数である．

基本性質

確率変数 X の積率母関数 $m_X(t)$ が $t=0$ まわりで存在する場合

$$\frac{d^k}{dt^k} m_X(t)\bigg|_{t=0} = \mathrm{E}(X^k).$$

2.6.2 積率母関数の一意性

確率変数 X_1, X_2 の積率母関数が存在して一致すれば，X_1, X_2 の分布は同じである．

※積率母関数はどの分布についても必ず存在するわけではないが，特性関数はどの分布についても必ず存在する．なお，確率変数 X の**特性関数**（characteristic function）は，$t \in \boldsymbol{R}$ に対して

$$\phi_X(t) = \mathrm{E}(e^{itX})$$

と定義される．ただし，$i = \sqrt{-1}$．ここで，$|\phi_X(t)| \leq \mathrm{E}(|e^{itX}|) = \mathrm{E}(1) = 1$ であるから特性関数はすべての t について存在することがわかる．

2.6.3 いくつかの不等式

(i) マルコフの不等式（Markov's inequality）

確率変数 X について，$P(X \geq 0) = 1$ ならば，実数 $a > 0$ に対して

$$P(X \geq a) \leq \frac{\mathrm{E}(X)}{a}.$$

(ii) チェビシェフの不等式（Chebyshev's inequality）

確率変数 Y の分散 $\mathrm{Var}(Y)$ が存在するならば（$\mathrm{Var}(Y) < \infty$），実数 $a > 0$ に対して

$$P(|Y - \mathrm{E}(Y)| \geq a) \leq \frac{\mathrm{Var}(Y)}{a^2}.$$

(iii) ジャンセンの不等式（Jensen's inequality）

g を区間 I での凸関数とし，確率変数 X の期待値が存在し，$P(X \in I) = 1$ ならば

$$g(\mathrm{E}(X)) \leq \mathrm{E}(g(X)).$$

(iv) シュワルツの不等式（Schwarz's inequality）

確率変数 X, Y について，$\mathrm{E}(X^2) < \infty, \mathrm{E}(Y^2) < \infty$ のとき

$$\{\mathrm{E}(XY)\}^2 \leq \mathrm{E}(X^2)\mathrm{E}(Y^2).$$

※等号は，ある実数 a に対して $P(X = aY) = 1$ のときに成り立つ.

例 2.7

確率変数 X の確率密度関数が次のように与えられている.

$$f_X(x) = \begin{cases} 2e^{-2x} & x > 0 \\ 0 & \text{その他の場合} \end{cases}$$

(i) X の積率母関数を求め, 積率母関数を使って $\mathrm{E}(X)$, $\mathrm{E}(X^2)$ を求めよ.

(ii) $Y = 3X - 2$ の積率母関数を求め, $\mathrm{E}(Y)$ を求めよ.

答

(i) X の積率母関数は

$$m_X(t) = \mathrm{E}(e^{tX}) = \int_{-\infty}^{\infty} e^{tx} f_X(x)dx = 2\int_0^{\infty} e^{(t-2)x}dx$$

である. ここで, $\mathrm{E}(e^{tX}) < \infty$ となるのは, $t < 2$ のときである. したがって

$$m_X(t) = \frac{2}{2-t} \quad (t < 2).$$

また，$\dfrac{d}{dt}m_X(t) = \dfrac{2}{(2-t)^2}$ より

$$\mathrm{E}(X) = \frac{d}{dt}m_X(t)\bigg|_{t=0} = \frac{1}{2}.$$

同様に，$\dfrac{d^2}{dt^2}m_X(t) = \dfrac{4}{(2-t)^3}$ より

$$\mathrm{E}(X^2) = \frac{d^2}{dt^2}m_X(t)\bigg|_{t=0} = \frac{1}{2}.$$

(ii) Y の積率母関数は

$$m_Y(t) = \mathrm{E}(e^{tY}) = e^{-2t}\mathrm{E}(e^{(3t)X}) = e^{-2t}m_X(3t) = \frac{2e^{-2t}}{2-3t}$$

である．ここで，$\mathrm{E}(e^{tY}) < \infty$ となるのは，$t < \frac{2}{3}$ のときである．したがって

$$m_Y(t) = \frac{2e^{-2t}}{2-3t} \quad \left(t < \frac{2}{3}\right).$$

また，$\dfrac{d}{dt}m_Y(t) = \dfrac{2e^{-2t}(6t-1)}{(2-3t)^2}$ より

$$\mathrm{E}(Y) = \frac{d}{dt}m_Y(t)\Big|_{t=0} = -\frac{1}{2}.$$

問10　確率変数 X と Y が独立でともに区間 $[0,1]$ での一様分布に従っている．$X+2Y$ の積率母関数を求めよ．また，$X-2Y$ の積率母関数を求めよ．

2.7　条件付き期待値

2.7.1　共分散と相関係数

確率変数 X と Y の共分散（covariance）は

$$\mathrm{Cov}(X,Y) = \mathrm{E}[(X-\mathrm{E}(X))(Y-\mathrm{E}(Y))]$$

と定義される．また，確率変数 X と Y の相関係数（correlation coefficient）は

$$\rho(X,Y) = \frac{\mathrm{Cov}(X,Y)}{\sigma_X\sigma_Y}$$

で与えられる．ただし，$\mathrm{Var}(X) = \sigma_X^2, \mathrm{Var}(Y) = \sigma_Y^2$ で $0 < \sigma_X < \infty, 0 < \sigma_Y < \infty$ とする．

基本性質

(i) 確率変数 X, Y について，$0 < \sigma_X < \infty, 0 < \sigma_Y < \infty$ ならば

$$\mathrm{Cov}(X,Y) = \mathrm{E}(XY) - \mathrm{E}(X)E(Y)$$

と

$$-1 \leq \rho(X,Y) \leq 1$$

が成り立つ．

(ii) 確率変数 X と Y が独立で $0 < \sigma_X < \infty, 0 < \sigma_Y < \infty$ ならば

$$\mathrm{Cov}(X, Y) = \rho(X, Y) = 0$$

である．

2.7.2　条件付き期待値と条件付き分散

$X = x$ が与えられているときの Y の**条件付き期待値**（conditional expectation of Y given that $X = x$）は次のように定義される．

$$\mathrm{E}(Y|X = x) = \mathrm{E}(Y|x) = \begin{cases} \displaystyle\sum_y y f_{Y|X}(y|x) & \text{（離散型の場合）} \\ \displaystyle\int_{-\infty}^{\infty} y f_{Y|X}(y|x) dy & \text{（連続型の場合）} \end{cases}$$

ただし，$f_{Y|X}(y|x)$ を，離散型のときは $X = x$ が与えられているときの Y の条件付き確率関数，または連続型のときは条件付き確率密度関数とする．

また，$X = x$ が与えられているときの Y の**条件付き分散**（conditional variance）は

$$\mathrm{Var}(Y|X = x) = \mathrm{Var}(Y|x) = \mathrm{E}[(Y - \mathrm{E}(Y|x))^2|x]$$

と定義される．

例 2.8

確率変数 X と Y の結合確率分布が下の表で与えられている．

x ＼ y	-1	0	1
1	0.2	0.1	0.1
2	0.3	0	0.2
3	0	0.1	0

$\mathrm{E}(Y|X = 1)$, $\mathrm{Var}(Y|X = 1)$, $\mathrm{E}(X|Y = 0)$, $\mathrm{Var}(X|Y = 0)$ を求めよ．

答 $x = 1$ のときの y の条件付き確率関数は

$$f_{Y|X}(y|1) = \begin{cases} \dfrac{1}{2} & y = -1 \\ \dfrac{1}{4} & y = 0, 1 \\ 0 & \text{その他の場合} \end{cases}$$

であり，$y = 0$ のときの x の条件付き確率関数は

$$f_{X|Y}(x|0) = \begin{cases} \dfrac{1}{2} & x = 1, 3 \\ 0 & \text{その他の場合} \end{cases}$$

である．よって

$$\begin{aligned} \mathrm{E}(Y|X=1) &= \sum_y y f_{Y|X}(y|1) \\ &= (-1) \cdot \frac{1}{2} + 0 \cdot \frac{1}{4} + 1 \cdot \frac{1}{4} = -\frac{1}{4}. \end{aligned}$$

同様に，$\mathrm{E}(Y^2|X=1) = \sum_y y^2 f_{Y|X}(y|1) = \dfrac{3}{4}$ より

$$\mathrm{Var}(Y|X=1) = \mathrm{E}(Y^2|X=1) - \{\mathrm{E}(Y|X=1)\}^2 = \frac{11}{16}$$

であり

$$\mathrm{E}(X|Y=0) = \sum_x x f_{X|Y}(x|0) = 1 \cdot \frac{1}{2} + 2 \cdot 0 + 3 \cdot \frac{1}{2} = 2.$$

同様に，$\mathrm{E}(X^2|Y=0) = \sum_x x^2 f_{X|Y}(x|0) = 5$ より

$$\mathrm{Var}(X|Y=0) = \mathrm{E}(X^2|Y=0) - \{\mathrm{E}(X|Y=0)\}^2 = 1.$$

問11　確率変数 X と Y の結合確率密度関数が次のように与えられている．

$$f_{X,Y}(x, y) = \begin{cases} \dfrac{1}{8}(x+y) & 0 < x < 2,\ 0 < y < 2 \\ 0 & \text{その他の場合} \end{cases}$$

このとき，$\mathrm{E}(Y|X=x)$, $\mathrm{Var}(Y|X=x)$ を求めよ．

章末問題

問題1　次の関数が分布関数となる a, b の条件を求めよ．

$$F(x) = \begin{cases} 0 & x < -1 \\ ax + b & -1 \leq x < 1 \\ 1 & 1 \leq x \end{cases}$$

問題2　確率変数 X の確率密度関数が

$$f_X(x) = \begin{cases} \dfrac{8}{x^3} & x > 2 \\ 0 & \text{その他の場合} \end{cases}$$

と与えられている．$\mathrm{E}(X), \mathrm{Var}(X)$ を求めよ．

問題3　確率変数 X が区間 (a, b) での一様分布に従うとき，X の期待値と分散を求めよ．また，X の積率母関数を求めよ．

問題4　確率変数 X, Y, Z について，$\mathrm{Var}(X) = 2$, $\mathrm{Var}(Y) = 3$, $\mathrm{Var}(Z) = 4$, $\mathrm{Cov}(X, Y) = 2$, $\mathrm{Cov}(X, Z) = -1$, $\mathrm{Cov}(Y, Z) = 1$ であるとき，$\mathrm{Var}(X + Y + Z)$ と $\mathrm{Var}(X - 2Y - Z)$ を求めよ．

問題5　F_1, F_2 を 2 つの分布関数とし

$$F_3(x) = \alpha F_1(x) + (1 - \alpha) F_2(x),\ 0 \leq \alpha \leq 1$$

と定義すると F_3 もまた分布関数であることを示せ．

問題6　次の不等式を示せ．

(i) ヘルダーの不等式 (Hölder inequality)

$r > 1$, $\frac{1}{r} + \frac{1}{s} = 1$ ならば

$$\mathrm{E}(|XY|) \leq [\mathrm{E}(|X|^r)]^{\frac{1}{r}} [\mathrm{E}(|Y|^s)]^{\frac{1}{s}}$$

(ii) ミンコフスキーの不等式 (Minkowski inequality)

$r \geq 1$ ならば

$$[\mathrm{E}(|X + Y|^r)]^{\frac{1}{r}} \leq [\mathrm{E}(|X|^r)]^{\frac{1}{r}} + [\mathrm{E}(|Y|^r)]^{\frac{1}{r}}$$

(iii) リアプノフの不等式 (Lyapunov inequality)

$0 < r < s$ ならば

$$[\mathrm{E}(|X|^r)]^{\frac{1}{r}} \leq [\mathrm{E}(|X|^s)]^{\frac{1}{s}}$$

第3章

いくつかの特殊な分布

3.1　二項分布

3.1.1　ベルヌーイ分布

ある試行により，2通りの結果（一般に，成功と失敗と呼ぶ）のどちらかをとる状況を考える．確率変数 X は結果の片方（成功）に1を，他方（失敗）に0を対応させるとする．確率変数 X が以下の確率関数をもつとき，X はパラメータ p のベルヌーイ分布 (Bernoulli distribution) に従うという（$0 \leq p \leq 1$）．

$$f_X(x) = \begin{cases} p^x(1-p)^{1-x} & x = 0, 1 \\ 0 & \text{その他の場合} \end{cases}$$

このとき，X が各値をとる確率は

$$P(X=0) = f_X(0) = 1-p, \qquad P(X=1) = f_X(1) = p.$$

またその期待値，分散，および積率母関数は以下で与えられる．

$$\begin{aligned} \mathrm{E}(X) &= p \\ \mathrm{Var}(X) &= p(1-p) \\ m_X(t) &= pe^t + (1-p) \qquad -\infty < t < \infty \end{aligned}$$

3.1.2　ベルヌーイ試行

以下の条件を満たす試行のことを，ベルヌーイ試行 (Bernoulli trials) という．

(i)　1回の試行の結果は2通りである．

(ii)　各試行は独立である．

(iii)　すべての試行を通して成功確率は等しい．

3.1.3 二項分布

n 回のベルヌーイ試行を行った際の，成功回数を表す確率変数 Y について考える．各試行における成功となる確率を p とする．このとき，確率変数 Y は以下の確率関数をもち，Y はパラメータ n，p の**二項分布** (binomial distribution) に従うという（n は正の整数，$0 \leq p \leq 1$）．

$$f_Y(y) = \begin{cases} \binom{n}{y} p^y (1-p)^{n-y} & y = 0, 1, \ldots, n \\ 0 & \text{その他の場合} \end{cases}$$

ただし，$\binom{n}{y} = \dfrac{n!}{y!(n-y)!}$ は二項係数を表す．

例 3.1

確率変数 Y がパラメータ n，p の二項分布に従うとき，$f_Y(y)$ を Y の確率関数とすると次が成り立つことを示せ．

$$f_Y(0) = (1-p)^n$$
$$f_Y(k) = \frac{n-k+1}{k} \cdot \frac{p}{(1-p)} f_Y(k-1) \qquad k = 1, 2, \ldots, n$$

答

$$\begin{aligned} f_Y(0) &= \binom{n}{0} p^0 (1-p)^{n-0} \\ &= (1-p)^n \end{aligned}$$

また $k = 1, 2, \ldots, n$ について

$$\begin{aligned} f_Y(k) &= \binom{n}{k} p^k (1-p)^{n-k} \\ &= \frac{n!}{k!(n-k)!} p^k (1-p)^{n-k} \\ &= \frac{n-(k-1)}{k} \frac{p}{(1-p)} \frac{n!}{(k-1)!\{n-(k-1)\}!} p^{k-1} (1-p)^{n-(k-1)} \\ &= \frac{n-k+1}{k} \cdot \frac{p}{(1-p)} f_Y(k-1). \end{aligned}$$

問 1　確率変数 X がパラメータ n, p の二項分布に従い，確率変数 Y がパラメータ n, $1-p$ の二項分布に従うとき，次が成り立つことを示せ．

$$P(X \leq k) = P(Y \geq n-k) \qquad k = 0, 1, \ldots, n$$

問 2　あるエレベーターのワイヤーが切れる確率を q とする．もし，半数以上のワイヤーが切れた場合，エレベーターは運転不可能となるとするとき，ワイヤーが 2 本のエレベーターがワイヤーが 4 本のエレベーターよりも安全な場合の q の値は $\sqrt{2/3} \leq q \leq 1$ であることを示せ．ただし，各ワイヤーは独立なものとする．

問 3　アイス A の当たりが出る確率を 0.5，アイス B の当たりが出る確率が 0.4 であるとする．アイス A を 5 個，アイス B を 4 個買ったときに当たりが出る個数が同じである確率を求めよ．

問 4　確率変数 Y がパラメータ n, p の二項分布に従うとき，Y の確率関数を最大にする値（モード）を m とする．
(i) $(n+1)p$ が整数のとき，$m = (n+1)p$ と $m = (n+1)p - 1$
(ii) $(n+1)p$ が整数でないとき，m は $(n+1)p$ を超えない最大の整数
となることを示せ．

問 5　$X_1, X_2, \ldots, X_n$ が独立でそれぞれパラメータ p のベルヌーイ分布に従うとき，$X_1 + X_2 + \cdots + X_n = k$ $(k = 1, 2, \ldots, n)$ が与えられているときの，X_1 の従う分布を求めよ．

3.1.4　期待値・分散・積率母関数

確率変数 Y がパラメータ n, p の二項分布に従うとき，その期待値，分散，および積率母関数は以下で与えられる．

$$\mathrm{E}(Y) = np, \quad \mathrm{Var}(Y) = np(1-p)$$
$$m_Y(t) = (pe^t + 1 - p)^n \qquad -\infty < t < \infty$$

例 3.2

確率変数 X が平均 4, 分散 2.4 の二項分布に従うとき, 次の確率を求めよ.

(i) $P(X=0)$　　(ii) $P(X=2)$　　(iii) $P(X<2)$　　(iv) $P(X \geq 1)$

答

(i) $P(X=0) = f_X(0) = 0.6^{10} \fallingdotseq 0.0060$

(ii) $P(X=2)=f_X(2)=\binom{10}{2}0.4^2 0.6^8 \fallingdotseq 0.1209$

(iii) $P(X<2)=f_X(0)+f_X(1)=\binom{10}{0}0.6^{10}+\binom{10}{1}0.4^1 0.6^9 \fallingdotseq 0.0464$

(iv) $P(X \geq 1)=1-P(X=0)=1-f_X(0) \fallingdotseq 0.9940$

例 3.3

$X_1, X_2, \ldots, X_n$ が独立でそれぞれパラメータ p のベルヌーイ分布に従うとき，$\overline{X}=(X_1+X_2+\cdots+X_n)/n$ の分布を求めよ．また

$$\mathrm{E}(\overline{X})=p, \mathrm{Var}(\overline{X})=\frac{p(1-p)}{n}$$

であることを示せ．

答

確率変数 $Y=\sum_{i=1}^n X_i$ はパラメータ n，p の二項分布に従うため，$\overline{X}$ の確率関数は

$$\begin{aligned} f_{\bar{X}}(z) &= P(\overline{X}=z) \\ &= P(Y=nz) \end{aligned}$$

また $nz=1,2,\ldots,n$ より，$z=\frac{1}{n},\frac{2}{n},\cdots,\frac{n}{n}$．したがって

$$f_{\bar{X}}(z)=\begin{cases} \binom{n}{nz}p^{nz}(1-p)^{n-nz} & z=\frac{1}{n},\frac{2}{n},\cdots,1 \\ 0 & \text{その他} \end{cases}.$$

$$\mathrm{E}(\overline{X})=\mathrm{E}\left(\frac{Y}{n}\right)=\frac{1}{n}\mathrm{E}(Y)=p.$$

$$\mathrm{Var}(\overline{X})=\mathrm{Var}\left(\frac{Y}{n}\right)=\frac{1}{n^2}\mathrm{Var}(Y)=\frac{p}{n}(1-p).$$

例 3.4

確率変数 Y の積率母関数が $(0.35+0.65e^t)^5, -\infty<t<\infty$, のとき，次を求めよ．

(i) $P(Y=1)$　　(ii) $P(Y \leq 4)$　　(iii) $\mathrm{E}(Y)$　　(iv) $\mathrm{E}(Y^2)$

(v) $\mathrm{Var}(Y)$

答

積率母関数の一意性より，Y はパラメータ 5，0.65 の二項分布に従う．

(i) $P(Y=1)=f_Y(1)=\binom{5}{1}0.65^1 0.35^4 \fallingdotseq 0.0488$

(ii) $P(Y\leq 4)=1-f_Y(5)=1-\binom{5}{5}0.65^5 0.35^0 \fallingdotseq 0.884$

(iii) $\mathrm{E}(Y)=5\times 0.65=3.25$

(iv) $\mathrm{E}(Y^2)=\mathrm{Var}(Y)+\mathrm{E}(Y)^2=5\times 0.65\times 0.35+(5\times 0.65)^2=11.7$

(v) $\mathrm{Var}(Y)=5\times 0.65\times(1-0.65)=1.138$

例 3.5

ある対戦ゲームにおいて，20% の確率で相手に当たる技がある．この技を 10 回使用したとき，

(i) 相手に技が 3 回当たる確率を求めよ．

(ii) 相手に技が 7 回以上当たる確率を求めよ．

(iii) 10 回のうち相手に技が当たる回数の期待値と分散を求めよ．

答

X_i $(i=1,\cdots,10)$ を i 回目に技が当たったならば 1，当たらなければ 0 をとる確率変数とすると，$Y=X_1+\cdots+X_{10}$ はパラメータ 10，0.2 の二項分布に従う．

(i) $P(Y=3)=f_Y(3)=\binom{10}{3}0.2^3 0.8^7 \fallingdotseq 0.2013$

(ii) $P(Y\geq 7)=f_Y(7)+f_Y(8)+f_Y(9)+f_Y(10)\fallingdotseq 8.644\times 10^{-4}$

(iii) $\mathrm{E}(Y)=10\times 0.2=2$，$\mathrm{Var}(Y)=10\times 0.2\times(1-0.2)=1.6$

例 3.6

ある測定値 X の分布の確率密度関数が次のように与えられている．

$$f_X(x)=\begin{cases}\dfrac{x}{2} & 0<x<2\\ 0 & \text{その他の場合}\end{cases}$$

いま，この測定を 7 回独立に行ったとき，

(i) 1 以上である測定値が 3 回出る確率を求めよ．

(ii)　少なくとも1回の測定値は1以上である確率を求めよ.

(iii)　測定値が1以上になる回数の期待値と分散を求めよ.

答

(i)　1回の測定において，1以上である測定値がでる確率は

$$P(X \geq 1) = \int_1^2 \frac{x}{2} dx = \frac{3}{4}.$$

ここでYを，7回の測定において1以上である測定値がでる回数を表す確率変数とすると，Yはパラメータ7，$\frac{3}{4}$の二項分布に従う．したがって

$$P(Y = 3) = \binom{7}{3} \left(\frac{3}{4}\right)^3 \left(1 - \frac{3}{4}\right)^{7-3} = 0.058.$$

(ii)　求める確率は

$$1 - P(Y = 0) = 1 - \binom{7}{0} \left(\frac{3}{4}\right)^0 \left(1 - \frac{3}{4}\right)^{7-0} \fallingdotseq 1$$

(iii)　$\mathrm{E}(Y) = 7 \times \frac{3}{4} = \frac{21}{4}$,　$\mathrm{Var}(Y) = 7 \times \frac{3}{4} \times \left(1 - \frac{3}{4}\right) = \frac{21}{16}$

問6　全10問からなる4択の試験がある．この試験の問題をすべて当てずっぽうで解答するとき，

(i)　4問正解である確率を求めよ.

(ii)　少なくとも1問は正解である確率を求めよ.

(iii)　1問正解につき10点とすると，このときの平均点は何点か述べよ.

3.1.5　再生性 (reproductive property)

$Y_1, Y_2, \ldots, Y_k$がそれぞれ独立で，Y_iはパラメータn_i, pの二項分布に従うとする$(i = 1, 2, \ldots, k)$．このとき，$Y_1 + Y_2 + \cdots + Y_k$はパラメータ$n_1 + n_2 + \cdots + n_k$, pの二項分布に従う.

3.2　超幾何分布

3.2.1　確率関数

確率変数Yが以下の確率関数をもつとき，YはパラメータN，K，nの超幾何

分布 (hypergeometric distribution) に従うという（K は非負の整数，n は正の整数，N は $N \geq K$，$N \geq n$ を満たす正の整数）.

$$f_Y(y) = \begin{cases} \dfrac{\dbinom{K}{y}\dbinom{N-K}{n-y}}{\dbinom{N}{n}} & y = 0, 1, \ldots, n \\ 0 & \text{その他の場合} \end{cases}$$

例 3.7

確率変数 X がパラメータ n，p の二項分布に従い，確率変数 Y はパラメータ m，p の二項分布に従っているとする．X と Y は独立である．

(i) $T = X + Y$ の分布を求めよ．

(ii) $T = t$ のときの X の条件付き確率分布が超幾何分布に従うことを示せ．

答

(i) 二項分布の再生性により，T はパラメータ $n+m$，p の二項分布に従う．

(ii) X と Y の値が定まると T の値は定まり，また X と Y は独立であるため

$$P(X = x|T = t) = \frac{P(X = x, T = t)}{P(T = t)} = \frac{P(X = x)P(Y = y)}{P(T = t)}.$$

このことから

$$P(X = x|T = t) = \frac{\dbinom{n}{x}p^x(1-p)^{n-x}\dbinom{m}{y}p^y(1-p)^{m-y}}{\dbinom{n+m}{t}p^t(1-p)^{n+m-t}} = \frac{\dbinom{n}{x}\dbinom{m}{y}}{\dbinom{n+m}{t}}.$$

したがって $T = t$ のときの X の条件付き分布は，パラメータ $n+m$，n，t の超幾何分布に従う．

問 7 確率変数 X がパラメータ N，K，n の超幾何分布に従うとき，そのモードは $(n+1)(K+1)/(N+2)$ を超えない最大の整数，または $(n+1)(K+1)/(N+2)$ が整数のときは，モードは $(n+1)(K+1)/(N+2)-1$ と $(n+1)(K+1)/(N+2)$ であることを示せ．

3.2.2　非復元抽出

箱の中にまったく同じ形をしたボールが N 個入っており，そのうち K 個は黒いボール，$N-K$ 個は赤いボールであるとする．いま，この箱から無作為に n 個のボールを元へ戻さずに取り出したとき（**非復元抽出** (sampling without replacement)），その中に含まれる黒いボールの個数を Y とすると，Y はパラメータ N，K，n の超幾何分布に従う．

3.2.3　期待値・分散

確率変数 Y がパラメータ N，K，n の超幾何分布に従うとき，その期待値，および分散は以下で与えられる．

$$\mathrm{E}(Y) = n\frac{K}{N}$$
$$\mathrm{Var}(Y) = n\frac{K}{N}\cdot\frac{(N-K)}{N}\cdot\frac{(N-n)}{(N-1)}$$

例 3.8

ある病気にかかった人のうち，男性が3人，女性が7人いて全員に同じ治療を行った．すると4人には治療の効果があった．治療の効果に男女間の違いはないとしたとき，X を女性で効果があった人の数とし，次を求めよ．

(i)　$P(X=2)$　　(ii) $P(X<4)$　　(iii) $\mathrm{E}(X)$　　(iv) $\mathrm{Var}(X)$

答

X はパラメータ 10，7，4 の超幾何分布に従う．

(i)　$P(X=2) = f_X(2) = \dfrac{\dbinom{7}{2}\dbinom{3}{2}}{\dbinom{10}{4}} = \dfrac{3}{10}$

(ii)　$P(X<4) = 1 - P(X \geq 4) = 1 - f_X(4) = 1 - \dfrac{\dbinom{7}{4}\dbinom{3}{0}}{\dbinom{10}{4}} = \dfrac{5}{6}$

(iii)　$\mathrm{E}(X) = 4 \times \dfrac{7}{10} = \dfrac{14}{5}$

(iv)　$\mathrm{Var}(X) = 4 \times \dfrac{7}{10}\dfrac{(10-7)}{10}\dfrac{(10-4)}{10-1} = \dfrac{14}{25}$

3.2.4 復元抽出と非復元抽出

3.2.2 項の状況において，もし箱から取り出したボールを毎回元へ戻すとすると（**復元抽出** (sampling with replacement)），n 回の中に含まれる黒いボールの個数 Y はパラメータ n, $\frac{K}{N}$ の二項分布に従う．すなわち，復元抽出と非復元抽出では Y の期待値に差は無く，分散は $\frac{(N-n)}{(N-1)}$ だけ異なる．

例 3.9

ある水槽にいる魚のうち 30% がメスであるという．いま，この水槽の魚 60 匹の中から 10 匹を捕獲したとする．X を捕獲した魚の中のメスの数とするとき，(a) $P(X=0)$，(b) $P(X \geq 2)$，(c) $\mathrm{E}(X)$，(d) $\mathrm{Var}(X)$ を次の各場合について求めよ．

(i) 非復元抽出の場合． (ii) 復元抽出の場合．

答

(i) 非復元抽出の場合，X はパラメータ 60, 18, 10 の超幾何分布に従う．

(a) $P(X=0) = f_X(0) = \dfrac{\dbinom{18}{0}\dbinom{42}{10}}{\dbinom{60}{10}} \fallingdotseq 0.0195$

(b) $P(X \geq 2) = 1 - P(X < 2) = 1 - (f_X(0) + f_X(1)) \fallingdotseq 0.8740$

(c) $\mathrm{E}(X) = 10\dfrac{18}{60} = 3$

(d) $\mathrm{Var}(X) = 10\dfrac{18}{60}\dfrac{42}{60}\dfrac{50}{59} \fallingdotseq 1.780$

(ii) 復元抽出の場合，X はパラメータ 10, 0.3 の二項分布に従う．

(a) $P(X=0) = f_X(0) = (0.7)^{10} \fallingdotseq 0.0282$

(b) $P(X \geq 2) = 1 - P(X < 2) = 1 - (f_X(0) + f_X(1)) \fallingdotseq 0.8507$

(c) $\mathrm{E}(X) = 10 \times 0.3 = 3$

(d) $\mathrm{Var}(X) = 10 \times 0.3 \times (1 - 0.3) = 2.1$

3.3 ポアソン分布

3.3.1 確率関数

確率変数 X が以下の確率関数をもつとき，X はパラメータ λ のポアソン分布 (Poisson distribution) に従うという（$\lambda > 0$）.

$$f_X(x) = \begin{cases} \dfrac{e^{-\lambda}\lambda^x}{x!} & x = 0, 1, \ldots \\ 0 & \text{その他の場合} \end{cases}$$

例 3.10

確率変数 X がパラメータ λ のポアソン分布に従うとき，

(i) $P(X = k+1) = \lambda P(X = k)/(k+1)$ を示せ.

(ii) (i) を使って，$\lambda = 4$ のときの $P(X = 1)$, $P(X = 2)$, $P(X = 3)$, $P(X = 4)$ を求めよ.

答

(i)　$P(X = k+1) = \dfrac{e^{-\lambda}\lambda^{k+1}}{(k+1)!} = \dfrac{\lambda}{k+1}\dfrac{e^{-\lambda}\lambda^k}{k!} = \dfrac{\lambda}{k+1}P(X = k)$

(ii)

$$P(X = 1) = \frac{4}{0+1}P(X = 0) \fallingdotseq 0.0732$$
$$P(X = 2) = \frac{4}{1+1}P(X = 1) \fallingdotseq 0.1464$$
$$P(X = 3) = \frac{4}{2+1}P(X = 2) \fallingdotseq 0.1952$$
$$P(X = 4) = \frac{4}{3+1}P(X = 3) \fallingdotseq 0.1952$$

問 8　パラメータ λ のポアソン分布のモードは，λ を越さない最大の整数であることを示せ.

3.3.2 期待値・分散・積率母関数

確率変数 X がパラメータ λ のポアソン分布に従うとき，その期待値，分散，および積率母関数は以下で与えられる.

$$\mathrm{E}(X) = \lambda$$

$$\mathrm{Var}(X) = \lambda$$
$$m_X(t) = \exp[\lambda(e^t - 1)] \qquad -\infty < t < \infty$$

例 3.11

確率変数 X がポアソン分布に従っていて，$P(X = 2) = P(X = 3)$ のとき，

(i) $P(X = 1)$ を求めよ． (ii) $P(X = 4)$ を求めよ．

(iii) $\mathrm{E}(X)$，$\mathrm{Var}(X)$ を求めよ．

答

$f_X(2) = f_X(3)$ より $\dfrac{e^{-\lambda}\lambda^2}{2!} = \dfrac{e^{-\lambda}\lambda^3}{3!}$ となるため，$\lambda = 3$ である．

(i) $P(X = 1) = \dfrac{e^{-3}3^1}{1!} \approx 0.1494$

(ii) $P(X = 4) = \dfrac{e^{-3}3^4}{4!} \approx 0.1681$

(iii) $\mathrm{E}(X) = \mathrm{Var}(X) = 3$

問 9 ある交番では 1 ヵ月につき平均で 3 点の落し物が届けられる．この駅で 3 ヶ月内に届けられた落し物の数を X とする．X がポアソン分布に従っていると仮定して次に答えよ．

(i) $P(X = 1)$ を求めよ． (ii) $P(X > 2)$ を求めよ．

(iii) $\mathrm{E}(X)$，$\mathrm{Var}(X)$ を求めよ．

問 10 ある機械から作り出される部品には $100\mathrm{cm}^2$ につき平均で 2 個のひびがあるという．いま，$300\mathrm{cm}^2$ の部品にあるひびの個数を X とし，X はポアソン分布に従っているとする．

(i) $P(X = 1)$ を求めよ． (ii) $P(X > 2)$ を求めよ．

(iii) $\mathrm{E}(X)$，$\mathrm{Var}(X)$ を求めよ．

3.3.3 再生性

$X_1, X_2, \ldots, X_n$ がそれぞれ独立で，X_i はパラメータ λ_i のポアソン分布に従うとする（$i = 1, 2, \ldots, n$）．このとき，$X_1 + X_2 + \cdots + X_n$ はパラメータ $\lambda_1 + \lambda_2 + \cdots + \lambda_n$ のポアソン分布に従う．

例 3.12

確率変数 X, Y は独立でそれぞれパラメータ λ_1, λ_2 のポアソン分布に従う．$X + Y = t$ が与えられているときの X の条件付き確率分布は，パラメータ t, $\lambda_1/(\lambda_1 + \lambda_2)$ の二項分布に従うことを示せ．

答

再生性より，$X + Y$ はパラメータ $\lambda_1 + \lambda_2$ のポアソン分布に従う．したがって

$$\begin{aligned}P(X = x|X + Y = t) &= \frac{P(X = x, Y = t - x)}{P(X + Y = t)}\\ &= \frac{\frac{e^{-\lambda_1}\lambda_1^x}{x!}\frac{e^{-\lambda_2}\lambda_2^{t-x}}{(t-x)!}}{\frac{e^{-(\lambda_1+\lambda_2)}(\lambda_1+\lambda_2)^t}{t!}}\\ &= \frac{t!}{x!(t-x)!}\frac{\lambda_1^x\lambda_2^{t-x}}{(\lambda_1+\lambda_2)^t}\\ &= \binom{t}{x}\left(\frac{\lambda_1}{\lambda_1+\lambda_2}\right)^x\left(\frac{\lambda_2}{\lambda_1+\lambda_2}\right)^{t-x}.\end{aligned}$$

3.3.4 ポアソン分布による二項分布の近似

確率変数 Y がパラメータ n, p の二項分布に従うとき，$\lambda = np$ が一定であるように $n \to \infty$, $p \to 0$ とすると，確率変数 Y の確率関数は，パラメータ λ のポアソン分布の確率関数へと近似する．

例 3.13

ある都市では住人の 2% の人が事件に遭うという．いま，この都市に住んでいる 8 人のうち，事件に遭う人が 2 人以下である確率を (i) 二項分布，(ii) ポアソン分布を使って求めよ．

答

(i) 確率変数 Y はパラメータ 8, 0.02 の二項分布に従うとすると

$$\begin{aligned}P(Y \leq 2) = &\binom{8}{0}0.02^0(1-0.02)^{8-0} + \binom{8}{1}0.02^1(1-0.02)^{8-1}\\ &+ \binom{8}{2}0.02^2(1-0.02)^{8-2} \fallingdotseq 0.9996.\end{aligned}$$

(ii) 確率変数 X はパラメータ 0.16 のポアソン分布に従うとすると

$$P(X \leq 2) = \frac{e^{-0.16}0.16^0}{0!} + \frac{e^{-0.16}0.16^1}{1!} + \frac{e^{-0.16}0.16^2}{2!} \fallingdotseq 0.9993.$$

3.4 負の二項分布と幾何分布

3.4.1 確率関数

確率変数 Y が以下の確率関数をもつとき，Y はパラメータ r, p の**負の二項分布** (negative binomial distribution) に従うという ($r > 0$, $0 < p < 1$).

$$f_Y(y) = \begin{cases} \dbinom{r+y-1}{y} p^r (1-p)^y & y = 0, 1, \ldots \\ 0 & \text{その他の場合} \end{cases}$$

例 3.14

確率変数 X がパラメータ r, p の負の二項分布に従っているとき

$$P(X = x+1) = \frac{(x+r)}{(x+1)}(1-p)P(X = x)$$

が成り立つことを示せ.

答

$$\begin{aligned} P(X = x+1) &= \binom{r+(x+1)-1}{x+1} p^r (1-p)^{x+1} \\ &= \frac{(r+x+1-1)!}{(x+1)!(r-1)!} p^r (1-p)^{x+1} \\ &= \frac{(r+x)}{(x+1)}(1-p)\frac{(r+x-1)!}{x!(r-1)!} p^r (1-p)^x \\ &= \frac{(r+x)}{(x+1)}(1-p)\binom{r+x-1}{x} p^r (1-p)^x \\ &= \frac{(x+r)}{(x+1)}(1-p)P(X = x) \end{aligned}$$

問 11 確率変数 X がパラメータ r, p の負の二項分布に従っているとき，そのモードは $(r-1)(1-p)/p$ を超えない最大の整数であることを示せ.

3.4.2 解釈

成功確率 p のベルヌーイ試行を繰り返し行ったとき，r 回目の成功が起こる前に発生する失敗の回数の分布は，パラメータ r，p の負の二項分布に従う．

3.4.3 期待値・分散・積率母関数

確率変数 Y がパラメータ r，p の負の二項分布に従うとき，その期待値，分散，および積率母関数は以下で与えられる．

$$\mathrm{E}(Y) = r\frac{(1-p)}{p}, \ \mathrm{Var}(Y) = r\frac{(1-p)}{p^2}$$

$$m_Y(t) = \left[\frac{p}{1-(1-p)e^t}\right]^r \qquad t < \log\left(\frac{1}{1-p}\right)$$

例 3.15

あるプレイヤーがゲームをプレイしたとき，そのゲームで勝利する確率が 0.3 であるという．このプレイヤーが 4 回勝つまでに

(i) 4 回ゲームをプレイしている確率を求めよ．

(ii) ゲームをプレイしている回数の平均を求めよ．

(iii) ゲームをプレイしている回数の標準偏差を求めよ．

答

このプレイヤーがゲームで 4 回勝利するまでにプレイしている回数 X は，パラメータ 4, 0.3 の負の二項分布に従う．

(i) $P(X=0) = \begin{pmatrix} 4+0-1 \\ 0 \end{pmatrix} 0.3^4(1-0.3)^0 = 0.0081$

(ii) $\mathrm{E}(X) = 4\dfrac{1-0.03}{0.3} = 9.3$

(iii) $\mathrm{Var}(X) = 4\dfrac{1-0.3}{0.3^2} = \dfrac{2.8}{0.3^2}$ より

$$\mathrm{SD}(X) = \frac{\sqrt{2.8}}{0.3} = 5.58.$$

3.4.4 再生性

$Y_1, Y_2, \ldots, Y_n$ がそれぞれ独立で，Y_i はパラメータ r_i，p の負の二項分布に従うとする（$i = 1, 2, \ldots, n$）．このとき，$Y_1 + Y_2 + \cdots + Y_n$ はパラメータ $r_1 + r_2 + \cdots + r_n$，p の負の二項分布に従う．

3.4.5 幾何分布

負の二項分布で特に $r = 1$ の場合を幾何分布と呼ぶ．すなわち，確率変数 X が以下の確率関数をもつとき，X はパラメータ p の**幾何分布** (geometric distribution) に従うという $(0 < p < 1)$．

$$f_X(x) = \begin{cases} p(1-p)^x & x = 0, 1, \dots \\ 0 & \text{その他の場合} \end{cases}$$

例 3.16

確率変数 X と Y が独立でそれぞれ同一のパラメータ p の幾何分布に従うとき，$W = \min(X, Y)$ の確率分布は，$w = 0, 1, 2, \dots$ で $2p(1-p)^{2w}$ の確率をとることを示せ．

W の確率分布は X と Y を用いることで

$$\begin{aligned} P(W = w) &= P(X = w, Y \geq w) + P(X \geq w, Y = w) = 2P(X = w, Y \geq w) \\ &= 2P(X = w)P(Y \geq w) = 2P(X = w)\{1 - P(Y < w)\} \end{aligned}$$

となり，X と Y は幾何分布に従うことから

$$P(W = w) = 2p(1-p)^w \left\{ 1 - \sum_{y=0}^{w-1} p(1-p)^y \right\}.$$

等比数列の和の公式を用いることで

$$\begin{aligned} P(W = w) &= 2p(1-p)^w \left\{ 1 - p\frac{\{1-(1-p)^w\}}{1-(1-p)} \right\} \\ &= 2p(1-p)^w [1 - \{1-(1-p)^w\}] = 2p(1-p)^{2w}. \end{aligned}$$

問 12 あるプレイヤーがゲームをプレイしているとき，そのゲームで勝利する確率が0.3であるという．このプレイヤーが初めて勝利するまでに

(i) 3回ゲームをプレイしている確率を求めよ．

(ii) ゲームをプレイしている回数の平均を求めよ．

(iii) ゲームをプレイしている回数の標準偏差を求めよ．

3.4.6 幾何分布の和

$X_1, X_2, \ldots, X_n$ がそれぞれ独立で，パラメータ p の幾何分布に従うとする．このとき，$X_1 + X_2 + \cdots + X_n$ はパラメータ n，p の負の二項分布に従う．

例 3.17

確率変数 X と Y が独立でそれぞれ同一のパラメータ p の幾何分布に従うとき次を示せ．

$$P(X = x | X + Y = t) = \frac{1}{t+1}, \qquad x = 0, 1, 2, \ldots, t$$

答

$X + Y$ はパラメータ 2，p の負の二項分布に従うことから

$$\begin{aligned} P(X = x | X + Y = t) &= \frac{P(X = x, Y = t - x)}{P(X + Y = t)} \\ &= \frac{p(1-p)^x p(1-p)^{t-x}}{\binom{2+t-1}{t} p^2 (1-p)^t} = \frac{1}{t+1}. \end{aligned}$$

3.5 多項分布

3.5.1 結合確率関数

確率変数 $\boldsymbol{X} = (X_1, X_2, \ldots, X_k)$ が以下の結合確率関数をもつとき，$\boldsymbol{X}$ はパラメータ n，$\boldsymbol{p} = (p_1, p_2, \ldots, p_k)$ の**多項分布** (multinomial distribution) に従うという（n は非負の整数，$p_i > 0$，$i = 1, 2, \ldots, k$，$p_1 + p_2 + \cdots + p_k = 1$）．

$$f_{\boldsymbol{X}}(x_1, x_2, \ldots, x_k) = \begin{cases} \dfrac{n!}{x_1! x_2! \cdots x_k!} p_1^{x_1} p_2^{x_2} \cdots p_k^{x_k} & x_i \text{は非負の整数で} \\ & x_1 + x_2 + \cdots + x_k = n \\ 0 & \text{その他の場合} \end{cases}$$

例 3.18

$X_1, X_2, \ldots, X_n$ が独立でそれぞれパラメータ λ_i，$i = 1, 2, \ldots, n$ のポアソン分布に従うとし，m をある正の整数とする．このとき，$X_1 + X_2 + \cdots + X_n = m$ が与えられているときの $X_1, X_2, \ldots, X_n$ の条件付き確率分布は，パラメータ m，$\boldsymbol{p} = (p_1, \ldots, p_n)$ の多項分布に従うことを示せ．ただし $p_i = \dfrac{\lambda_i}{\lambda_1 + \cdots + \lambda_n}$，$i = 1, 2, \ldots, n$．

ポアソン分布の再生性より，$X_1 + X_2 + \cdots + X_n$ はパラメータ $\sum_i \lambda_i$ のポアソン分布に従う．

$$
\begin{aligned}
&P(X_1 = x_1, \ldots, X_n = x_n | X_1 + \cdots + X_n = m) \\
&\quad = \frac{P(X_1 = x_1, \ldots, X_n = x_n, X_1 + \cdots + X_n = m)}{P(X_1 + \cdots + X_n = m)} \\
&\quad = \frac{\prod_i P(X_i = x_i)}{P(X_1 + \cdots + X_n = m)}, \quad x_1 + \cdots + x_n = m \\
&\quad = \frac{\prod_i \dfrac{e^{-\lambda_i}\lambda_i^{x_i}}{x_i!}}{\dfrac{e^{-\sum_i \lambda_i}(\sum_i \lambda_i)^m}{m!}} \\
&\quad = \frac{m!}{x_1! \cdots x_n!} \frac{\prod_i e^{-\lambda_i}}{e^{-\sum_i \lambda_i}} \frac{\prod_i \lambda_i^{x_i}}{(\sum_i \lambda_i)^m} \\
&\quad = \binom{m}{x_1, \ldots, x_n} p_1^{x_1} \cdots p_n^{x_n}
\end{aligned}
$$

3.5.2　解釈

多項分布は二項分布の拡張として考えることができる．すなわち，結果が k 通りある試行を独立に n 回繰り返したとき（各結果が起こる確率は $p_1, p_2, \ldots, p_k$），各結果がそれぞれ X_1回, X_2回, $\ldots$, X_k回 発生する確率は，パラメータ n，$\boldsymbol{p} = (p_1, p_2, \ldots, p_k)$ の多項分布に従う．

3.5.3　積率母関数

$\boldsymbol{X} = (X_1, X_2, \ldots, X_k)$ がパラメータ n，$\boldsymbol{p} = (p_1, p_2, \ldots, p_k)$ の多項分布に従うとき，その積率母関数は以下で与えられる．

$$
m_{\boldsymbol{X}}(t_1, t_2, \ldots t_k) = \left(p_1 e^{t_1} + p_2 e^{t_2} + \cdots + p_k e^{t_k}\right)^n \qquad -\infty < t_i < \infty
$$

3.5.4　周辺分布

$\boldsymbol{X} = (X_1, X_2, \ldots, X_k)$ がパラメータ n，$\boldsymbol{p} = (p_1, p_2, \ldots, p_k)$ の多項分布に従うとき，X_i はパラメータ n，p_i の二項分布に従う（$i = 1, 2, \ldots, k$）．また，

$X_i + X_j$ はパラメータ n, $p_i + p_j$ の二項分布に従う $(j = 1, 2, \ldots, k,\ j \neq i)$.
さらに，X_i と X_j の共分散は

$$\mathrm{Cov}(X_i, X_j) = -np_ip_j$$

となる.

例 3.19

ある工場で作られている針の長さ X は，12mm から 14mm までの一様分布に従う．ここで，$A_1 = \{X < 12.3\}$, $A_2 = \{12.3 \leq X < 13.8\}$, $A_3 = \{X \geq 13.8\}$ とおく．いま，10 個の針がこの工場で作られたとき

(i)　3 個が 12.3mm より短くて，2 個が 13.8mm より長い確率を求めよ.

(ii)　13.8mm より長い針の平均個数を求めよ.

答

X は一様分布に従うことから

$$P(A_1) = \frac{12.3 - 12}{14 - 12} = 0.15$$
$$P(A_2) = \frac{13.8 - 12.3}{14 - 12} = 0.75$$
$$P(A_3) = \frac{14 - 13.8}{14 - 12} = 0.1$$

であり，(X_1, X_2, X_3) はパラメータ 10, $(0.15, 0.75, 0.1)$ の多項分布に従う.

(i) $P(X_1 = 3, X_2 = 5, X_3 = 2) = \begin{pmatrix} 10 \\ 3, 5, 2 \end{pmatrix} 0.15^3 0.75^5 0.1^2 \fallingdotseq 0.0202$

(ii) X_3 はパラメータ 10, 0.1 の二項分布に従うことから

$$\mathrm{E}(X_3) = 10 \times 0.1 = 1$$

例 3.20

あるアンケートによると，ある議題への意見に対して，10% が大賛成，20% が賛成，35% が反対，15% が大反対，20% がその他であるという．この割合が一般に正しいとし，いま，無作為に選んだ 20 人のうち，X_1, X_2, X_3, X_4, X_5 をそれぞれその議題に大賛成，賛成，反対，大反対，その他の人数とする.

(i)　$P(X_1 = 2, X_2 = 5, X_3 = 9, X_4 = 1, X_5 = 3)$ を求めよ.

(ii)　$P(X_2 = 3, X_4 = 2)$ を求めよ.

(iii)　$\mathrm{E}(X_1 + X_2)$，$\mathrm{Var}(X_1 + X_2)$ を求めよ．

答

(i)

$$
\begin{aligned}
&P(X_1 = 2, X_2 = 5, X_3 = 9, X_4 = 1, X_5 = 3) \\
&\quad = \frac{20!}{2!5!9!1!3!}(0.1)^2(0.2)^5(0.35)^9(0.15)^1(0.2)^3 \fallingdotseq 1.409 \times 10^{-3}
\end{aligned}
$$

(ii)　$Y_1 = X_2$, $Y_2 = X_4$, $Y_3 = X_1 + X_3 + X_5$ とすると，(Y_1, Y_2, Y_3) はパラメータ 20, $(0.2, 0.15, 0.65)$ の多項分布に従う．

$$
\begin{aligned}
P(X_2 = 3, X_4 = 2) &= P(Y_1 = 3, Y_2 = 2, Y_3 = 15) \\
&= \frac{20!}{3!2!15!}(0.2)^3(0.15)^2(0.65)^{15} \fallingdotseq 0.0436
\end{aligned}
$$

(iii)

$$
\mathrm{E}(X_1 + X_2) = \mathrm{E}(X_1) + \mathrm{E}(X_2) = 20 \times 0.1 + 20 \times 0.2 = 6
$$

$$
\begin{aligned}
\mathrm{Var}(X_1 + X_2) &= \mathrm{Var}(X_1) + \mathrm{Var}(X_2) + 2\mathrm{Cov}(X_1, X_2) \\
&= 20 \times 0.1 \times (1 - 0.1) + 20 \times 0.2 \times (1 - 0.2) \\
&\quad +2 \times (-20 \times 0.1 \times 0.2) \\
&= 4.2
\end{aligned}
$$

問 13　データサイエンスの授業を取っている学生のうち，40% は 2 年生，50% は 3 年生，10% は 4 年生である．これらの学生の中から復元抽出により無作為に 10 人選んだとき

(i)　3 人が 2 年生，6 人が 3 年生，1 人が 4 年生である確率を求めよ．

(ii)　少なくとも 7 人は 3 年生以上である確率を求めよ．

(iii)　選ばれた 10 人の中に含まれる 4 年生の人数の期待値を求めよ．

3.6　正規分布

3.6.1　確率密度関数

確率変数 X が以下の確率密度関数をもつとき，X はパラメータ μ，σ^2 の正規分布 (normal distribution) に従うという（$-\infty < \mu < \infty$，$\sigma > 0$）．

$$f_X(x) = \frac{1}{\sqrt{2\pi\sigma^2}} \exp\left[-\frac{1}{2\sigma^2}(x-\mu)^2\right] \qquad -\infty < x < \infty$$

3.6.2 期待値・分散・積率母関数

確率変数 X がパラメータ μ，σ^2 の正規分布に従うとき，その期待値，分散，および積率母関数は以下で与えられる．

$$\mathrm{E}(X) = \mu$$
$$\mathrm{Var}(X) = \sigma^2$$
$$m_X(t) = \exp\left[\mu t + \frac{\sigma^2 t^2}{2}\right] \qquad -\infty < t < \infty$$

3.6.3 標準正規分布

正規分布で特に $\mu = 0$，$\sigma^2 = 1$ の場合を標準正規分布 (standard normal distribution) と呼ぶ．すなわち，確率変数 Z が標準正規分布に従うとき，その確率密度関数は

$$\phi(z) = \frac{1}{\sqrt{2\pi}} \exp\left[-\frac{z^2}{2}\right] \qquad -\infty < z < \infty.$$

また，その分布関数は

$$\Phi(z) = \int_{-\infty}^{z} \phi(u)du \qquad -\infty < z < \infty$$

となる．

3.6.4 標準化 (standardization)

確率変数 X がパラメータ μ，σ^2 の正規分布に従うとき，$Z = \dfrac{(X-\mu)}{\sigma}$ は標準正規分布に従う．また，確率変数 Z が標準正規分布に従うとき，$X = \mu + \sigma Z$ はパラメータ μ，σ^2 の正規分布に従う．

3.6.5 標準正規分布表の利用

標準正規分布の分布関数 $\Phi(z)$ の値は数値積分により求めることができるが，標準正規分布表（付表1）を用いることで求めることもできる．

例 3.21

確率変数 Z が標準正規分布に従うとき

(i) 次の確率を求めよ.

(a) $P(Z > 1.1)$ (b) $P(Z \leq 1.77)$ (c) $P(Z < -1.24)$

(d) $P(0.33 < Z < 2.11)$ (e) $P(-2.01 < Z \leq 1.48)$

(ii) 定数 a を求めよ.

(a) $P(Z > a) = 0.017$ (b) $P(Z \leq a) = 0.81$

(c) $P(Z > a) = 0.659$ (d) $P(-a < Z < a) = 0.4177$

答

(i) (a) 標準正規分布表より $\Phi(1.1)$ は約 0.864 であるため

$$P(Z > 1.1) = 1 - P(Z \leq 1.1) = 1 - \Phi(1.1) \fallingdotseq 0.136.$$

(b)

$$P(Z \leq 1.77) = \Phi(1.77) \fallingdotseq 0.962$$

(c) 標準正規分布は 0 を中心に左右対称であるため

$$P(Z \leq -1.24) = P(Z > 1.24) = 1 - \Phi(1.24) \fallingdotseq 0.108.$$

(d)

$$P(0.33 < Z < 2.11) = \Phi(2.11) - \Phi(0.33) \fallingdotseq 0.353$$

(e) 定数 a に対して，$P(Z < -a) = P(Z > a)$ であるため

$$P(-2.01 < Z \leq 1.48) = \Phi(1.48) - \{1 - \Phi(2.01)\} \fallingdotseq 0.908.$$

(ii) (a) $P(Z > a) = 1 - P(Z \leq a)$ より

$$\begin{aligned} 1 - \Phi(a) &= 0.017 \\ \Phi(a) &= 0.983. \end{aligned}$$

標準正規分布表から，$\Phi(a) = 0.983$ となる a は約 2.12.

(b) $\Phi(a) = 0.81$ より，標準正規分布表から a は約 0.88.

(c) $P(Z > a) = 1 - P(Z \leq a)$ より

$$\begin{aligned} 1 - P(Z \leq a) &= 0.659 \\ P(Z \leq a) &= 0.341. \end{aligned}$$

$\Phi(a) < 0.5$ より，a は0以下に存在する．

$$\begin{aligned} 1 - \Phi(-a) &= 0.341 \\ \Phi(-a) &= 0.659 \end{aligned}$$

標準正規分布表から $-a$ は約0.41，したがって $a \fallingdotseq -0.41$.

(d)$P(Z \leq -a) = P(Z \geq a)$ より

$$P(-a < Z < a) = P(Z < a) - \{1 - P(Z < a)\} = 2\Phi(a) - 1.$$

したがって $\Phi(a) = 0.70885$ より，標準正規分布の分布表から $a \fallingdotseq 0.55$.

例 3.22

確率変数 X が平均3，分散9の正規分布に従うとき，

(i)　次の確率を求めよ．

(a) $P(X < 4)$　(b) $P(X \geq 2)$　(c) $P(X \leq 1)$

(d) $P(3 < X \leq 12.2)$　(e) $P(-1 < X \leq 7.11)$

(ii)　定数 a を求めよ．

(a) $P(X \leq a) = 0.939$　(b) $P(X > a) = 0.9357$

(c) $P(X < a) = 0.1271$　(d) $P(|X - 3| > a) = 0.04$

答

(i) (a) $P(X < 4) = P\left(Z < \dfrac{4-3}{\sqrt{9}}\right) = \Phi(0.33) \fallingdotseq 0.63$

(b) $P(X \geq 2) = P\left(Z \geq \dfrac{2-3}{\sqrt{9}}\right) = \Phi(0.33) \fallingdotseq 0.63$

(c) $P(X \leq 1) = P\left(Z \leq \dfrac{1-3}{\sqrt{9}}\right) = 1 - \Phi(0.67) \fallingdotseq 0.2514$

(d)

$$\begin{aligned} P(3 < X \leq 12.2) &= P\left(\frac{3-3}{\sqrt{9}} < Z \leq \frac{12.2-3}{\sqrt{9}}\right) \\ &= \Phi(3.07) - \Phi(0) \fallingdotseq 0.4989 \end{aligned}$$

(e)

$$\begin{aligned} P(-1 < X \leq 7.11) &= P\left(\frac{-1-3}{\sqrt{9}} < Z \leq \frac{7.11-3}{\sqrt{9}}\right) \\ &= \Phi(1.37) - \{1 - \Phi(1.33)\} \fallingdotseq 0.8234 \end{aligned}$$

(ii)　(a)

$$P(X \leq a) = P\left(Z < \frac{a-3}{\sqrt{9}}\right) = \Phi\left(\frac{a-3}{3}\right)$$

したがって $\Phi\left(\frac{a-3}{3}\right) = 0.939$ より，標準正規分布表から $\frac{a-3}{3} \fallingdotseq 1.55$ と分かるので，$a \fallingdotseq 7.65$ である．

(b)

$$P(X > a) = 1 - P\left(Z \leq \frac{a-3}{\sqrt{9}}\right) = 1 - \Phi\left(\frac{a-3}{3}\right)$$

$1 - \Phi\left(\frac{a-3}{3}\right) = 0.9357$ より，$\Phi\left(\frac{a-3}{3}\right) = 0.0643$.

ここで $\Phi\left(\frac{a-3}{3}\right) < 0.5$ より $\frac{a-3}{3}$ は0以下に存在するので, $\Phi\left(-\frac{a-3}{3}\right) = 0.9357$ となる．標準正規分布表から $-\frac{a-3}{3} \fallingdotseq 1.52$ と分かるので，$a \fallingdotseq -1.56$ である．

(c)

$$P(X < a) = P\left(Z < \frac{a-3}{\sqrt{9}}\right) = \Phi\left(\frac{a-3}{3}\right)$$

ここで $\Phi\left(\frac{a-3}{3}\right) = 0.1271 < 0.5$ より，$\frac{a-3}{3}$ は 0 以下に存在するので，$\Phi\left(-\frac{a-3}{3}\right) = 0.8729$ となる．標準正規分布表から $-\frac{a-3}{3} \fallingdotseq 1.14$ と分かるので，$a \fallingdotseq -0.42$ である．

(d)

$$\begin{aligned} P(|X-3| > a) &= P(X-3 > a) + P(X-3 < -a) \\ &= P\left(\frac{X-3}{\sqrt{9}} > \frac{a}{\sqrt{9}}\right) + P\left(\frac{X-3}{\sqrt{9}} < -\frac{a}{\sqrt{9}}\right) \\ &= 2 - 2\Phi\left(\frac{a}{3}\right) \end{aligned}$$

したがって $2 - 2\Phi\left(\frac{a}{3}\right) = 0.04$ であり，標準正規分布表から $\frac{a}{3} \fallingdotseq 2.05$ と分かるので，$a \fallingdotseq 6.15$ である．

問 14　ある野球チームの選手の身長は平均 175cm，標準偏差 6cm の正規分布に従う．100 人の選手のうち何人が身長 180cm 以上であると期待できるか．

3.6.6 線形変換

確率変数 X がパラメータ μ，σ^2 の正規分布に従うとき，$aX+b$ はパラメータ $a\mu+b$，$a^2\sigma^2$ の正規分布に従う（$a \neq 0$，b は定数）．

3.6.7 線形結合

$X_1, X_2, \ldots, X_n$ がそれぞれ独立で，X_i はパラメータ μ_i，σ_i^2 の正規分布に従うとする（$i=1,2,\ldots,n$）．このとき，$a_1X_1+a_2X_2+\cdots+a_nX_n+b$ はパラメータ $a_1\mu_1+a_2\mu_2+\cdots+a_n\mu_n+b$，$a_1^2\sigma_1^2+a_2^2\sigma_2^2+\cdots+a_n^2\sigma_n^2$ の正規分布に従う（$a_1, a_2, \ldots a_n, b$ は定数，少なくとも1つの a_i は0以外，$i=1,2,\ldots,n$）．

例 3.23

ある数学の試験の点数はクラスAでは平均50，分散64の正規分布に従い，クラスBでは平均60，分散25の正規分布に従っている．

(i)　無作為にクラスAの1名，クラスBの1名を選んだとき，そのクラスAの人の点数がクラスBの人の点数よりも高い確率を求めよ．

(ii)　無作為にクラスAの2名と，クラスBの3名を選んだとき，クラスAの2名の点数の平均が，クラスBの3名の平均よりも低い確率を求めよ．

(iii)　クラスAの中で上位10%に入るためには，何点以上取らねばならないか．

答

X はクラスAの1名の点数，Y はクラスBの1名の点数を表すとする．

(i)　求める確率は $P(X>Y)=P(X-Y>0)$ であり，$X-Y$ は平均 $50-60=-10$，分散 $64+25=89$ の正規分布に従うことから

$$P(X>Y)=P(X-Y>0)=P\left(\frac{X-Y+10}{\sqrt{89}}>\frac{0+10}{\sqrt{89}}\right)$$
$$=P\left(Z>\frac{10}{\sqrt{89}}\right)=1-\Phi(1.06)\fallingdotseq 0.1446.$$

(ii)　求める確率は $P\left(\frac{X_1+X_2}{2}<\frac{Y_1+Y_2+Y_3}{3}\right)$ であり，$\frac{1}{2}(X_1+X_2)-\frac{1}{3}(Y_1+Y_2+Y_3)$ は平均 -10，分散 $\frac{121}{3}$ の正規分布に従うことから

$$P\left(\frac{X_1+X_2}{2}<\frac{Y_1+Y_2+Y_3}{3}\right)=P\left(\frac{1}{2}(X_1+X_2)-\frac{1}{3}(Y_1+Y_2+Y_3)<0\right)$$

$$= P\left(Z < \frac{0+10}{\sqrt{\frac{121}{3}}}\right) = \Phi(1.57) \fallingdotseq 0.9418.$$

(iii)　a を定数とすると，$P(X \geq a) = 0.1$ を満たす a を見つければよい．X は正規分布に従うことから標準化することで

$$P\left(\frac{X-50}{\sqrt{64}} \geq \frac{a-50}{\sqrt{64}}\right) = 0.1$$

$$P\left(Z < \frac{a-50}{8}\right) = 0.9$$

$$\Phi\left(\frac{a-50}{8}\right) = 0.9.$$

標準正規分布表より $\frac{a-50}{8} \fallingdotseq 1.29$ と分かるので，$a \fallingdotseq 60.3$ であることから，61 点以上取ればよい．

例 3.24

ある測定値は平均 8，分散 9 の正規分布に従っているという．4 回独立に測定したとき，

(i)　4 回の測定値とも 9.5 以上である確率を求めよ．

(ii)　少なくとも 1 回の測定値は 9.5 よりも小さい確率を求めよ．

(iii)　4 回の測定値の合計が 30 以上である確率を求めよ．

(iv)　4 回の測定値の平均が 7 以下の確率を求めよ．

答

(i) 1 回の観測が 9.5 以上となる確率は

$$P(X \geq 9.5) = P\left(Z \geq \frac{9.5-8}{3}\right) = 1 - \Phi(0.5) \fallingdotseq 0.31.$$

このことから，確率変数 Y は 4 回の観測における 9.5 以上の値をとった回数を表すとすると，Y はパラメータ 4，0.31 の二項分布に従う．したがって，4 回の測定

値とも 9.5 以上である確率は

$$P(Y=4)=\binom{4}{4}0.31^4(1-0.31)^{4-4}=0.009.$$

(ii)

$$P(Y<4)=1-P(Y=4)=0.991$$

(iii) X_i を i 回目の測定値を表す確率変数とすると $(i=1,2,3,4)$，$S=\sum_{i=1}^{4}X_i$ は平均 32，分散 36 の正規分布に従うので

$$P(S\geq 30)=P\left(Z\geq\frac{30-32}{\sqrt{36}}\right)=\Phi(0.33)=0.629.$$

(iv) $\overline{X}=\dfrac{S}{4}$ は，平均 $\dfrac{32}{4}=8$，分散 $\dfrac{36}{4^2}=\dfrac{9}{4}$ の正規分布に従うので

$$P(\overline{X}\leq 7)=P\left(Z\geq\frac{7-8}{\sqrt{\frac{9}{4}}}\right)=P\left(Z\leq-\frac{2}{3}\right)1-\Phi(0.67)=0.251.$$

問 15　確率変数 X が平均 0, 分散 16 の正規分布に従い, 確率変数 Y が平均 -3, 分散 9 の正規分布に従い, X と Y は独立であるとするとき, 次の確率を求めよ.

(i) $P(X+Y<-1)$　(ii) $P(X+Y\leq-1)$　(iii) $P(X-Y>-2)$

(iv) $P(3X\geq 3)$　(v) $P(3X+2Y>0)$

3.6.8 ド・モアブル-ラプラスの定理 (De Moivre-Laplace theorem)

確率変数 S がパラメータ n，p の二項分布に従うとき，$n\to\infty$ とすると，$Y=\dfrac{S-np}{\sqrt{np(1-p)}}$ の分布関数は，標準正規分布の分布関数へと近似する．

連続修正

離散型確率変数の分布を連続型確率変数の分布で近似することから起こる誤差を改良するものとして，**連続修正** (continuity correction) がある．

例 3.25

偏りのないコインを 100 回投げたとき, 表の出る回数が 50 回以上, 65 回以下の確率を正規分布による近似で求めよ.

答

確率変数 X は平均 $\mu = 100 \times 0.5 = 50$，分散 $\sigma^2 = 100 \times 0.5 \times (1 - 0.5) = 25$ の正規分布に従うと仮定すると，求める確率は連続修正を用いて

$$
\begin{aligned}
P(50 - 0.5 \leq X \leq 65 + 0.5) &= P\left(\frac{49.5 - 50}{\sqrt{25}} \leq Z \leq \frac{65.5 - 50}{\sqrt{25}}\right) \\
&= P(-0.1 \leq Z \leq 3.1) \\
&= \Phi(3.1) - \Phi(-0.1) \\
&= \Phi(3.1) - \{1 - \Phi(0.1)\} \\
&\fallingdotseq 0.5388.
\end{aligned}
$$

例 3.26

新幹線を予約した人のうち8%がキャンセルするという．もしも1390席ある便に1500席分の予約を取ったとき，実際にその便に乗る人すべてに席がある確率を求めよ．

1500人中のキャンセルをする人数を表す確率変数を S とすると，S はパラメータ1500，0.08の二項分布に従う．ここで $Z = \dfrac{S - 1500 \times 0.08}{\sqrt{1500 \times 0.08 \times (1 - 0.08)}}$ とすると，Z は近似的に標準正規分布に従うので，連続修正を用いることで

$$
P(S \geq 110) \fallingdotseq P\left(Z \geq \frac{109.5 - 1500 \times 0.08}{\sqrt{1500 \times 0.08 \times (1 - 0.08)}}\right) = P(Z \geq 1) = 0.841.
$$

例 3.27

ある工場で作られる機械のうち5%が不良品であるという．その機械の中から無作為に n 個取り出して検査したときに発見された不良品の割合を $\hat{p}$ とすると，$|\hat{p} - 0.05|$ が0.03以下である確率が0.95以上であるためには n をどのくらいにすればよいか求めよ．

答

取り出された n 個に含まれる不良品の数を S とすると，S はパラメータ n，0.05の二項分布に従う．$|\hat{p} - 0.05|$ が0.03以下である確率が0.95以上であるのは

$$
P(|\hat{p} - 0.05| \leq 0.03) \geq 0.95
$$

$$P(-0.03 \leq \hat{p} - 0.05 \leq 0.03) \geq 0.95.$$

ここで $Z = \dfrac{S - n \times 0.05}{\sqrt{n \times 0.05 \times (1-0.05)}} = \dfrac{n\hat{p} - 0.05n}{\sqrt{0.0475n}}$ とすると，Z は近似的に標準正規分布に従うので

$$P\left(\frac{-0.03n}{\sqrt{0.0475n}} \leq \frac{n\hat{p} - 0.05n}{\sqrt{0.0475n}} \leq \frac{0.03n}{\sqrt{0.0475n}}\right) \geq 0.95$$
$$P(-0.138\sqrt{n} \leq Z \leq 0.138\sqrt{n}) \geq 0.95$$
$$\Phi(0.138\sqrt{n}) - \left\{1 - \Phi(0.138\sqrt{n})\right\} \geq 0.95$$
$$\Phi(0.138\sqrt{n}) \geq 0.975.$$

標準正規分布表から，$0.138\sqrt{n} \geq 1.96$ と分かるので，$n \geq 201.6$ となる．したがって，n は 202 以上とすればよい．

問 16　ある新商品の購入者は 70% が女性であると予想している．その場合，500 人の購入者を無作為に選んだとき，女性が 360 人以下である確率を求めよ．

問 17　ある荷物の平均重量が 50kg，標準偏差 7kg であるとする．その荷物 100 個が乗るエレベーターで最大重量を超えることが 5% 以下にするためには，最大重量を何 kg 以上にすればよいか．

3.7　ガンマ分布と指数分布

3.7.1　確率密度関数

確率変数 X が以下の確率密度関数をもつとき，X はパラメータ α，β のガンマ分布 (Gamma distribution) に従うという（$\alpha > 0$，$\beta > 0$）．

$$f_X(x) = \begin{cases} \dfrac{\beta^\alpha}{\Gamma(\alpha)} x^{\alpha-1} e^{-\beta x} & x > 0 \\ 0 & \text{その他の場合} \end{cases}$$

ここで $\Gamma(\alpha)$ はガンマ関数である．

問 18　確率変数 X がパラメータ α，β のガンマ分布に従うとき，そのモードは $\dfrac{\alpha - 1}{\beta}$，$\alpha \geq 1$ であることを示せ．

3.7.2　期待値・分散・積率母関数

確率変数 X がパラメータ α，β のガンマ分布に従うとき，その期待値，分散，および積率母関数は以下で与えられる．

$$\mathrm{E}(X) = \frac{\alpha}{\beta}$$

$$\mathrm{Var}(X) = \frac{\alpha}{\beta^2}$$

$$m_X(t) = \left[\frac{\beta}{\beta - t}\right]^{\alpha} \qquad t < \beta$$

例 3.28

確率変数 X がパラメータ α，β のガンマ分布に従うとき，ある正の定数 c について，cX はパラメータ α，$\dfrac{\beta}{c}$ のガンマ分布に従うことを示せ．

$$\begin{aligned} m_{cX}(t) &= \mathrm{E}(e^{tcX}) \\ &= \left(\frac{\beta}{\beta - ct}\right)^{\alpha} \quad ct < \beta \\ &= \left(\frac{\beta/c}{\beta/c - t}\right)^{\alpha} \quad t < \frac{\beta}{c} \end{aligned}$$

したがって，積率母関数の一意正より成り立つ．

3.7.3　再生性

$X_1, X_2, \ldots, X_n$ がそれぞれ独立で，X_i はパラメータ α_i，β のガンマ分布に従うとする（$i = 1, 2, \ldots, n$）．このとき，$X_1 + X_2 + \cdots + X_n$ はパラメータ $\alpha_1 + \alpha_2 + \cdots + \alpha_n$，$\beta$ のガンマ分布に従う．

3.7.4　指数分布

確率変数 X が以下の確率密度関数をもつとき，X はパラメータ β の**指数分布** (exponential distribution) に従うという（$\beta > 0$）．

$$f_X(x) = \begin{cases} \beta e^{-\beta x} & x > 0 \\ 0 & \text{その他の場合} \end{cases}$$

すなわち，指数分布はパラメータ $\alpha = 1$，β のガンマ分布である．

3.7.5 指数分布の期待値・分散・積率母関数

確率変数 X がパラメータ β の指数分布に従うとき，その期待値，分散，および積率母関数は以下で与えられる．

$$
\begin{aligned}
\mathrm{E}(X) &= \frac{1}{\beta} \\
\mathrm{Var}(X) &= \frac{1}{\beta^2} \\
m_X(t) &= \frac{\beta}{\beta - t} \qquad t < \beta
\end{aligned}
$$

例 3.29

ある5つの独立した電球の寿命（単位：時間）はそれぞれパラメータ $\beta = 0.05$ の指数分布に従うとする．

(i)　5つの電球のうち，3つが20時間以上光り続けている確率を求めよ．

(ii)　どれか1つの電球が20時間以上光り続けている確率を求めよ．

(iii)　すべての電球が20時間以上光り続けている確率を求めよ．

答

確率変数 X_i を i 番目の電球の寿命を表す確率変数とする（$i = 1, 2, \ldots, 5$）．1つの電球が20時間以上光り続けている確率は

$$
\begin{aligned}
P(X_i \geq 20) &= 1 - P(X_i < 20) \\
&= 1 - \int_0^{20} 0.05 \exp(-0.05x) dx \\
&= \exp(-1).
\end{aligned}
$$

(i)

求める確率は，二項分布の確率関数を用いて

$$
\begin{aligned}
\binom{5}{3} \{P(X_i \geq 20)\}^3 \{P(X_i < 20)\}^2 &= \binom{5}{3} \{\exp(-1)\}^3 \{1 - \exp(-1)\}^2 \\
&= 10 \exp(-3) \{1 - \exp(-1)\}^2 .
\end{aligned}
$$

(ii)

$$
1 - \{P(X_i < 20)\}^5 = 1 - \{1 - \exp(-1)\}^5
$$

(iii)

$$
\{P(X_i \geq 20)\}^5 = \exp(-5)
$$

3.8 ベータ分布

3.8.1 確率密度関数

確率変数 X が以下の確率密度関数をもつとき，X はパラメータ α，β のベータ分布 (beta distribution) に従うという（$\alpha > 0$，$\beta > 0$）．

$$f_X(x) = \begin{cases} \dfrac{1}{B(\alpha,\beta)} x^{\alpha-1}(1-x)^{\beta-1} & 0 < x < 1 \\ 0 & \text{その他の場合} \end{cases}$$

ここで $B(\alpha,\beta)$ はベータ関数である．

3.8.2 期待値・分散

確率変数 X がパラメータ α，β のベータ分布に従うとき，その期待値，および分散は以下で与えられる．

$$\mathrm{E}(X) = \frac{\alpha}{\alpha+\beta}$$

$$\mathrm{Var}(X) = \frac{\alpha\beta}{(\alpha+\beta)^2(\alpha+\beta+1)}$$

例 3.30

確率変数 X がパラメータ α，β のベータ分布に従うとき，$T = 1 - X$ はパラメータ β，α のベータ分布に従うことを示せ．

答

$x \in (0,1)$ に対応する t の領域は $t \in (0,1)$ となる．また $x = 1 - t$ より $\dfrac{dx}{dt} = -1$ であるため，2.4.2 項で述べた性質を用いると，$0 < t < 1$ において

$$\begin{aligned} f_T(t) &= \frac{1}{B(\alpha,\beta)}(1-t)^{\alpha-1}t^{\beta-1}|-1| \\ &= \frac{1}{B(\alpha,\beta)}t^{\beta-1}(1-t)^{\alpha-1}. \end{aligned}$$

ここで $B(\alpha,\beta) = B(\beta,\alpha)$ より成り立つ．

問 19 確率変数 X がパラメータ α，β のベータ分布に従うとき，そのモードは $\alpha > 1$，$\beta > 1$ で，$\dfrac{(\alpha-1)}{(\alpha+\beta-2)}$ であることを示せ．

問20　確率変数 X と Y が独立でそれぞれパラメータ λ の指数分布に従うとき，$U = \dfrac{X}{(X+Y)}$ は区間 $(0,1)$ の一様分布に従うことを示せ．

3.9　χ^2（カイ二乗）分布

3.9.1　確率密度関数

確率変数 X が以下の確率密度関数をもつとき，X は自由度 (degrees of freedom)n の χ^2 分布（**カイ二乗分布** (chi-square distribution)）に従うという（n は正の整数）．

$$f_X(x) = \begin{cases} \dfrac{1}{2^{\frac{n}{2}}\Gamma\left(\dfrac{n}{2}\right)} x^{\left(\frac{n}{2}\right)-1} e^{-\frac{x}{2}} & x > 0 \\ 0 & \text{その他の場合} \end{cases}$$

ここで $\Gamma(\alpha)$ はガンマ関数である．

また自由度 n の χ^2 分布はパラメータ $\alpha = \dfrac{n}{2}$，$\beta = \dfrac{1}{2}$ のガンマ分布に等しく，パラメータ $\alpha = 1$，$\beta = \dfrac{1}{2}$ のガンマ分布はパラメータ $\beta = \dfrac{1}{2}$ の指数分布に等しい．

問21　確率変数 X が自由度 n のカイ二乗分布に従うとき，そのモードは $n > 2$ のときは，$n-2$ であることを示せ．

例 3.31

$X_1, X_2, \ldots, X_n$ が互いに独立な連続型確率変数であるとし，$F_i, i = 1, 2, \ldots, n$ を X_i の分布関数とすると，$T = -2\sum_{i=1}^{n} \log F_i(X_i)$ が自由度 $2n$ のカイ二乗分布に従うことを示せ．

答

$Y_i = F_i(X_i)$ とすると

$$P(Y_i \leq y) = P\left(F_i(X_i) \leq y\right) = P\left(X_i \leq F_i^{-1}(y)\right) = F_i\{F_i^{-1}(y)\} = y.$$

したがって Y_i は区間 $(0,1)$ の一様分布に従う．ここで $Z_i = -2\log Y_i$ の変換を考えると，$y_i \in (0,1)$ に対応する z_i の領域は $z_i \in (0,\infty)$ となる．また

$y_i = \exp\left(-\frac{z_i}{2}\right)$ より $\frac{dy_i}{dz_i} = -\frac{1}{2}\exp\left(-\frac{z_i}{2}\right)$ であるため，$z_i > 0$ において

$$
\begin{aligned}
f_{Z_i}(z_i) &= \frac{1}{1-0}\left|-\frac{1}{2}\exp\left(-\frac{z_i}{2}\right)\right| \\
&= \frac{1}{2}\exp\left(-\frac{z_i}{2}\right).
\end{aligned}
$$

したがって Z_i は自由度 $\frac{1}{2}$ の指数分布に従うため，ガンマ分布の再生性より $T = \sum_i Z_i$ はパラメータ n，$\frac{1}{2}$ のガンマ分布，すなわち自由度 $2n$ のカイ二乗分布に従う．

問22 X と Y が独立でそれぞれ自由度 m と n のカイ二乗分布に従うとき，$W = \frac{X}{(X+Y)}$ はパラメータ $\frac{m}{2}$，$\frac{n}{2}$ のベータ分布に従うことを示せ．

3.9.2 期待値・分散・積率母関数

確率変数 X が自由度 n のカイ二乗に従うとき，その期待値，分散，および積率母関数は以下で与えられる．

$$
\begin{aligned}
\mathrm{E}(X) &= n \\
\mathrm{Var}(X) &= 2n \\
m_X(t) &= \left[\frac{1}{1-2t}\right]^{\frac{n}{2}} \qquad t < \frac{1}{2}
\end{aligned}
$$

例 3.32

確率変数 X が自由度 n のカイ二乗分布に従うとき，$\mathrm{E}\left(\frac{1}{X}\right) = \frac{1}{n-2}$ を示せ $(n > 2)$.

答

$$
\begin{aligned}
\mathrm{E}\left(\frac{1}{X}\right) &= \int_0^\infty \frac{1}{x}\frac{1}{2^{\frac{n}{2}}\Gamma\left(\frac{n}{2}\right)} x^{\frac{n}{2}-1} e^{-\frac{x}{2}}\,dx \\
&= \frac{1}{2^{\frac{n}{2}}\Gamma\left(\frac{n}{2}\right)}\int_0^\infty x^{\left(\frac{n}{2}-1\right)-1} e^{-\frac{x}{2}}\,dx \\
&= \frac{1}{2^{\frac{n}{2}}\left(\frac{n}{2}-1\right)\Gamma\left(\frac{n}{2}-1\right)} \frac{\Gamma\left(\frac{n}{2}-1\right)}{\left(\frac{1}{2}\right)^{\frac{n}{2}-1}} \\
&= \frac{1}{n-2}
\end{aligned}
$$

ここではガンマ関数の性質 $\int_0^\infty x^{\alpha-1}e^{-\beta x}dx = \dfrac{\Gamma(\alpha)}{\beta^\alpha}$ および, $\Gamma(\alpha+1) = \alpha\Gamma(\alpha)$ を用いている.

3.9.3　再生性

$X_1, X_2, \ldots, X_n$ がそれぞれ独立で, X_i は自由度 k_i のカイ二乗に従うとする $(i = 1, 2, \ldots, n)$. このとき, $X_1 + X_2 + \cdots + X_n$ は自由度 $k_1 + k_2 + \cdots + k_n$ の χ^2 分布に従う.

3.9.4　標準正規分布と χ^2 分布

確率変数 Z が標準正規分布に従うとき, $Y = Z^2$ は自由度1のカイ二乗に従う. また, 確率変数 $Z_1, Z_2, \ldots, Z_n$ が独立でそれぞれ標準正規分布に従うとき, $Z_1^2 + Z_2^2 + \cdots + Z_n^2$ は自由度 n のカイ二乗分布に従う.

例 3.33

3次元空間の点 (X, Y, Z) が選ばれるとき, その点と原点との距離が1以下である確率を求めよ. ただし X, Y, Z はそれぞれ独立な標準正規分布に従っている.

答

原点との距離を $D = \sqrt{X^2 + Y^2 + Z^2}$ とすると, $X^2 + Y^2 + Z^2$ は自由度3の χ^2 分布に従うことから, $P(D \leq 1)$ は χ^2 分布の分布関数表（付表3）から約0.8となる.

3.9.5　非心 χ^2 分布

確率変数 $X_1, X_2, \ldots, X_n$ が独立でそれぞれ平均 μ_i, 分散1の正規分布に従うとき, $Y = X_1^2 + X_2^2 + \cdots + X_n^2$ は非心度 $\delta = \mu_1^2 + \mu_2^2 + \cdots + \mu_n^2$, 自由度 n の非心カイ二乗分布 (noncentral chi-square distribution) に従うという.

3.9.6　非心 χ^2 分布の確率密度関数

確率変数 Y が非心度 δ, 自由度 n の非心カイ二乗分布に従うとき, Y の確率密度関数は以下で与えられる（$\delta \geq 0$).

$$f_Y(y) = \begin{cases} \displaystyle\sum_{k=0}^{\infty} \frac{e^{-\frac{\delta}{2}}\left(\frac{\delta}{2}\right)^k}{k!} \cdot \frac{1}{2^{\frac{n}{2}+k}\Gamma\left(\frac{n}{2}+k\right)} y^{\frac{n}{2}+k-1} e^{-\frac{y}{2}} & y > 0 \\ 0 & \text{その他の場合} \end{cases}$$

3.10　F 分布

3.10.1　χ^2 分布と F 分布

確率変数 X が自由度 m のカイ二乗分布に従い，確率変数 Y が自由度 n のカイ二乗分布に従うとし，X と Y は独立であるとする．このとき

$$W = \frac{X/m}{Y/n}$$

は自由度 m，n の F 分布 (F distribution) に従うという．

3.10.2　確率密度関数

確率変数 W が自由度 m，n の F 分布に従うとき，その確率密度関数は以下で与えられる．

$$f_W(w) = \begin{cases} \dfrac{\Gamma\left[\dfrac{(m+n)}{2}\right] m^{\frac{m}{2}} n^{\frac{n}{2}}}{\Gamma\left(\dfrac{m}{2}\right)\Gamma\left(\dfrac{n}{2}\right)} \cdot \dfrac{w^{\left(\frac{m}{2}\right)-1}}{(mw+n)^{\frac{(m+n)}{2}}} & w > 0 \\ 0 & \text{その他の場合} \end{cases}$$

ここで $\Gamma(\alpha)$ はガンマ関数である．

3.10.3　期待値・分散

確率変数 W が自由度 m，n の F 分布に従うとき，その期待値，および分散は以下で与えられる．

$$\mathrm{E}(W) = \frac{n}{n-2} \qquad n > 2$$

$$\mathrm{Var}(W) = \frac{2n^2(m+n-2)}{m(n-2)^2(n-4)} \qquad n > 4$$

例 3.34

$X_1, X_2, \ldots, X_m$，$Y_1, Y_2, \ldots, Y_n$ が独立なパラメータ $\frac{1}{2}$ の指数分布に従っているとき，$S = \frac{n(X_1 + X_2 + \cdots + X_m)}{m(Y_1 + Y_2 + \cdots + Y_n)}$ が自由度 $2m$，$2n$ の F 分布に従うことを示せ.

答

指数分布の性質より，$X_1 + X_2 + \cdots + X_m$ は自由度 m，$\frac{1}{2}$ の χ^2 分布，$Y_1 + Y_2 + \cdots + Y_n$ は自由度 n，$\frac{1}{2}$ の χ^2 分布にそれぞれ従う．また自由度 $\frac{n}{2}$，$\frac{1}{2}$ のガンマ分布は自由度 n の χ^2 分布に等しいので，$X_1 + X_2 + \cdots + X_m$ は自由度 $2m$ の χ^2 分布，$Y_1 + Y_2 + \cdots + Y_n$ は自由度 $2n$ の χ^2 分布に従う．$S = \frac{(X_1 + X_2 + \cdots + X_m)/2m}{(Y_1 + Y_2 + \cdots + Y_n)/2n}$ より，F 分布の定義から S は自由度 $2m$，$2n$ の F 分布に従う.

問23　確率変数 X が自由度 m，n の F 分布に従うとき，そのモードは $m > 2$ で $\frac{n(m-2)}{[m(n+2)]}$ であることを示せ.

問24　確率変数 X が自由度 m，n の F 分布に従うとき，$Y = \frac{1}{1 + \left(\frac{m}{n}\right) X}$ はパラメータ $n/2$，$m/2$ のベータ分布に従うことを示せ.

3.10.4　非心 F 分布

確率変数 X が非心度 δ，自由度 m の非心カイ二乗分布に従い，確率変数 Y が自由度 n のカイ二乗分布に従うとし，X と Y は独立であるとする．このとき

$$W = \frac{X/m}{Y/n}$$

は非心度 δ，自由度 m，n の非心 F 分布 (noncentral F distribution) に従うという.

3.11　t 分布

3.11.1　χ^2 分布，標準正規分布と t 分布

確率変数 X が自由度 n のカイ二乗分布に従い，確率変数 Z が標準正規分布に従うとし，X と Z は独立であるとする．このとき

$$W = \frac{Z}{\sqrt{\dfrac{X}{n}}}$$

は自由度 n の t 分布 (t distribution) に従うという.

3.11.2 確率密度関数

確率変数 Y が自由度 n の t 分布に従うとき，その確率密度関数は以下で与えられる.

$$f_Y(y) = \frac{\Gamma\left[\dfrac{(n+1)}{2}\right]}{(\sqrt{n\pi})\Gamma\left(\dfrac{n}{2}\right)}\left[1+\frac{y^2}{n}\right]^{\frac{-(n+1)}{2}} \qquad -\infty < y < \infty$$

ここで $\Gamma(\alpha)$ はガンマ関数である.

3.11.3 期待値・分散

確率変数 Y が自由度 n の t 分布に従うとき，その期待値，および分散は以下で与えられる.

$$\mathrm{E}(Y) = 0$$
$$\mathrm{Var}(Y) = \frac{n}{(n-2)} \qquad n > 2$$

3.11.4 t 分布と F 分布

確率変数 Y が自由度 n の t 分布に従うとき，Y^2 は自由度 1，n の F 分布に従う.

3.11.5 t 分布の正規近似

Y を自由度 n の t 分布に従う確率変数であるとする．$n \to \infty$ ならば，Y の確率密度関数は標準正規分布の確率密度関数へと近似する.

3.11.6 非心 t 分布

確率変数 X が自由度 n のカイ二乗分布に従い，確率変数 U が平均 δ，分散 1 の正規分布に従うとし，X と U は独立であるとする．このとき

$$Y = \frac{U}{\sqrt{\dfrac{X}{n}}}$$

は非心度 δ，自由度 n の非心 t 分布 (noncentral t distribution) に従うという.

3.12 二変量正規分布

3.12.1 結合確率密度関数

確率変数 (X, Y) が以下の結合確率密度関数をもつとき，(X, Y) はパラメータ μ_X，μ_Y，σ_X，σ_Y，ρ の**二変量正規分布** (bivariate normal distribution) に従うという（$-\infty < \mu_X < \infty$，$-\infty < \mu_Y < \infty$，$0 < \sigma_X < \infty$，$0 < \sigma_Y < \infty$，$-1 < \rho < 1$）.

$$f_{X,Y}(x, y) = \frac{1}{2\pi\sigma_X\sigma_Y(1-\rho^2)^{\frac{1}{2}}} \exp\left\{-\frac{1}{2(1-\rho^2)}Q(x, y)\right\},$$
$$-\infty < x < \infty, -\infty < y < \infty$$

ここで

$$Q(x, y) = \frac{(x-\mu_X)^2}{\sigma_X^2} - 2\rho\frac{(x-\mu_X)(y-\mu_Y)}{\sigma_X\sigma_Y} + \frac{(y-\mu_Y)^2}{\sigma_Y^2}.$$

3.12.2 結合積率母関数

確率変数 (X, Y) がパラメータ μ_X，μ_Y，σ_X，σ_Y，ρ の二変量正規分布に従うとき，その結合積率母関数は以下で与えられる.

$$m_{X,Y}(s, t) = \exp\left[s\mu_X + t\mu_Y + \frac{1}{2}(s^2\sigma_X^2 + 2\rho st\sigma_X\sigma_Y + t^2\sigma_Y^2)\right]$$

3.12.3 期待値・分散・共分散・相関係数

確率変数 (X, Y) がパラメータ μ_X，μ_Y，σ_X，σ_Y，ρ の二変量正規分布に従うとき，$\mathrm{E}(X) = \mu_X$，$\mathrm{E}(Y) = \mu_Y$，$\mathrm{Var}(X) = \sigma_X^2$，$\mathrm{Var}(Y) = \sigma_Y^2$，$\mathrm{Cov}(X, Y) = \rho\sigma_X\sigma_Y$，$\rho(X, Y) = \rho$ となる.

例 3.35

Z_1，Z_2 を独立な標準正規分布に従う確率変数とし，次の変数変換をする. $X = \sigma_X Z_1 + \mu_X, Y = \sigma_Y[\rho Z_1 + (1-\rho^2)^{\frac{1}{2}}Z_2] + \mu_Y$. ただし, $-\infty < \mu_X < \infty$, $-\infty < \mu_Y < \infty$，$0 < \sigma_X$，$0 < \sigma_Y$ は定数. このとき，X，Y は二変量正規分布に従うことを示せ.

答

$z_1, z_2 \in (-\infty, \infty)$ に対応する x, y の領域は $x, y \in (-\infty, \infty)$ となる. また

$$z_1 = \frac{x-\mu_X}{\sigma_X}$$

$$z_2 = \frac{(y-\mu_Y)/\sigma_Y - \rho(x-\mu_X)/\sigma_X}{(1-\rho^2)^{\frac{1}{2}}}$$

であり

$$J = \begin{vmatrix} \dfrac{1}{\sigma_X} & 0 \\ \dfrac{-\rho/\sigma_X}{(1-\rho^2)^{\frac{1}{2}}} & \dfrac{1/\sigma_Y}{(1-\rho^2)^{\frac{1}{2}}} \end{vmatrix} = \frac{1}{\sigma_X\sigma_Y(1-\rho^2)^{\frac{1}{2}}}.$$

したがって $x, y \in (-\infty, \infty)$ において

$$f_{X,Y}(x,y) = \frac{1}{2\pi}\exp\left[-\frac{1}{2}\left\{\left(\frac{x-\mu_X}{\sigma_X}\right)^2 + \left(\frac{(y-\mu_Y)/\sigma_Y - \rho(x-\mu_X)/\sigma_X}{(1-\rho^2)^{\frac{1}{2}}}\right)^2\right\}\right]\left|\frac{1}{\sigma_X\sigma_Y(1-\rho^2)^{\frac{1}{2}}}\right|.$$

ここで

$$-\frac{1}{2}\left\{\left(\frac{x-\mu_X}{\sigma_X}\right)^2 + \left(\frac{(y-\mu_Y)/\sigma_Y - \rho(x-\mu_X)/\sigma_X}{(1-\rho^2)^{\frac{1}{2}}}\right)^2\right\}$$

$$= -\frac{1}{2}\left[\left(\frac{x-\mu_X}{\sigma_X}\right)^2 + \frac{1}{(1-\rho^2)}\left\{\left(\frac{y-\mu_Y}{\sigma_Y}\right)^2 - 2\rho\left(\frac{y-\mu_Y}{\sigma_Y}\right)\left(\frac{x-\mu_X}{\sigma_X}\right) + \rho^2\left(\frac{x-\mu_X}{\sigma_X}\right)^2\right\}\right]$$

$$= -\frac{1}{2(1-\rho^2)}\left\{\frac{(x-\mu_X)^2}{\sigma_X^2} - 2\rho\frac{(x-\mu_X)(y-\mu_Y)}{\sigma_X\sigma_Y} + \frac{(y-\mu_Y)^2}{\sigma_Y^2}\right\}.$$

また $\dfrac{1}{\sigma_X\sigma_Y(1-\rho^2)^{\frac{1}{2}}} > 0$ より成り立つ.

例 3.36

f_1 を $\mu_X = 0$, $\sigma_X^2 = 1$, $\mu_Y = 0$, $\sigma_Y^2 = 1$, $\rho = 0$ の二変量正規分布の結合確率密度関数とし, f_2 を $\mu_X = 0$, $\sigma_X^2 = 1$, $\mu_Y = 0$, $\sigma_Y^2 = 1$, ρ の二変量正規分布の結合確率密度関数とする. $f(x,y) = \dfrac{1}{2}f_1(x,y) + \dfrac{1}{2}f_2(x,y)$ とすると,

(i)　f もまた確率密度関数となることを示せ.

(ii)　f を結合確率密度関数とする確率変数を X, Y とすると, その周辺分布は正規分布に従うが, X, Y の分布は $\rho = 0$ 以外のときは二変量正規分布ではないことを示せ.

答

(i) $f_1(x,y)$ および $f_2(x,y)$ はそれぞれ結合密度関数より，$\int_{-\infty}^{\infty}\int_{-\infty}^{\infty} f_1(x,y)dxdy = \int_{-\infty}^{\infty}\int_{-\infty}^{\infty} f_2(x,y)dxdy = 1$ を満たす．したがって

$$\begin{aligned}\int_{-\infty}^{\infty}\int_{-\infty}^{\infty} f(x,y)dxdy &= \frac{1}{2}\int_{-\infty}^{\infty}\int_{-\infty}^{\infty} f_1(x,y)dxdy + \frac{1}{2}\int_{-\infty}^{\infty}\int_{-\infty}^{\infty} f_2(x,y)dxdy \\ &= 1.\end{aligned}$$

(ii) X の周辺分布は

$$\begin{aligned}f_X(x) &= \int_{-\infty}^{\infty} f(x,y)dy \\ &= \frac{1}{2}\frac{1}{\sqrt{2\pi}}\exp\left(-\frac{x^2}{2}\right)\int_{-\infty}^{\infty}\frac{1}{\sqrt{2\pi}}\exp\left(-\frac{y^2}{2}\right)dy \\ &\quad + \frac{1}{2}\frac{1}{\sqrt{2\pi}}\exp\left\{-\frac{x^2-\rho^2x^2}{2(1-\rho^2)}\right\}\int_{-\infty}^{\infty}\frac{1}{\sqrt{2\pi(1-\rho^2)}}\exp\left\{-\frac{(y-\rho x)^2}{2(1-\rho^2)}\right\}dy.\end{aligned}$$

ここで各積分はそれぞれ，標準正規分布および，平均 ρx，分散 $1-\rho^2$ の正規分布の確率密度関数に対する全積となっているため，1となる．したがって

$$f_X(x) = \frac{1}{\sqrt{2\pi}}\exp\left(-\frac{x^2}{2}\right)$$

であり，X は標準正規分布に従う．同様の議論により，Y の周辺分布も標準正規分布に従うことが分かる．

$m_1(s,t)$ を $\mu_X = 0$，$\sigma_X^2 = 1$，$\mu_Y = 0$，$\sigma_Y^2 = 1$，$\rho = 0$ の二変量正規分布の積率母関数，$m_2(s,t)$ を $\mu_X = 0$，$\sigma_X^2 = 1$，$\mu_Y = 0$，$\sigma_Y^2 = 1$，ρ の二変量正規分布の積率母関数とすると，(X,Y) の積率母関数は

$$\begin{aligned}m_{X,Y}(s,t) &= \int_{-\infty}^{\infty}\int_{-\infty}^{\infty} e^{sx+ty}f(x,y)dxdy \\ &= \frac{1}{2}m_1(s,t) + \frac{1}{2}m_2(s,t) \\ &= \frac{1}{2}\exp\left\{\frac{1}{2}(s^2+t^2)\right\} + \frac{1}{2}\exp\left\{\frac{1}{2}(s^2+2\rho st+t^2)\right\}.\end{aligned}$$

したがって積率母関数の一意性から，$\rho = 0$ のときは，平均 $(0,0)$，分散 $(1,1)$，相関0の二変量正規分布に従い，$\rho \neq 0$ のときは二変量正規分布に従わないことが分かる．

3.12.4　周辺分布

確率変数 (X, Y) がパラメータ μ_X，μ_Y，σ_X，σ_Y，ρ の二変量正規分布に従うとき，X の周辺分布は平均 μ_X，分散 σ_X^2 の正規分布に従い，Y の周辺分布は平均 μ_Y，分散 σ_Y^2 の正規分布に従う．

問 25　確率変数 X，Y が二変量正規分布に従うとき，X，Y の一次結合 $aX + bY + c$ は平均 $a\mu_X + b\mu_Y + c$，分散 $a^2\sigma_X^2 + b^2\sigma_Y^2 + 2ab\rho\sigma_X\sigma_Y$ の正規分布に従うことを示せ．ただし $\mathrm{E}(X) = \mu_X$，$\mathrm{E}(Y) = \mu_Y$，$\mathrm{Var}(X) = \sigma_X^2$，$\mathrm{Var}(Y) = \sigma_Y^2$，$\rho(X, Y) = \rho$.

3.12.5　条件付き分布

確率変数 (X, Y) がパラメータ μ_X，μ_Y，σ_X，σ_Y，ρ の二変量正規分布に従うとき，$X = x$ が与えられているときの Y の条件付き確率分布は，平均 $\mu_Y + \rho\left(\dfrac{\sigma_Y}{\sigma_X}\right)(x - \mu_X)$，分散 $(1 - \rho^2)\sigma_Y^2$ の正規分布に従う．

例 3.37

確率変数 X, Y が二変量正規分布に従い，$\mu_X = 6$, $\sigma_X^2 = 9$, $\mu_Y = 3$, $\sigma_Y^2 = 4$, $\rho = 0.3$ のとき，次の確率を求めよ．

(i) $P(3 < X \leq 8)$　(ii) $P(3 < X \leq 8 | Y = 2)$　(iii) $P(5 < Y < 9)$

(iv) $P(5 < Y < 9 | X = 4)$　(v) $P(5 < Y < 9 | Y > 0)$

答

(i)　X の周辺分布は平均 6, 分散 9 の正規分布に従うため

$$P(3 < X \leq 8) = P\left(\frac{3-6}{3} < Z < \frac{8-16}{3}\right)$$
$$= \Phi(0.66) - \{1 - \Phi(1)\} = 0.587.$$

(ii)　$Y = y$ が与えられているときの X の条件付き確率分布は，平均 $6 + 0.3\left(\dfrac{3}{2}\right)(y - 3)$，分散 $(1 - 0.3^2)9$ の正規分布に従う．したがって $Y = 2$ が与えられている場合は，平均 5.55，分散 8.19 の正規分布に従うため

$$P(3 < X \leq 8 | Y = 2) = P\left(\frac{3 - 5.55}{\sqrt{8.19}} < Z \leq \frac{8 - 5.55}{\sqrt{8.19}}\right)$$
$$= \Phi(0.86) - \{1 - \Phi(0.89)\} = 0.618.$$

(iii) Y の周辺分布は平均3, 分散4の正規分布に従うため

$$P(5 < Y < 9) = P\left(\frac{5-3}{2} < Z < \frac{9-3}{2}\right)$$
$$= \Phi(3) - \Phi(1) = 0.157.$$

(iv) $X = x$ が与えられているときの Y の条件付き確率分布は，平均 $3 + 0.3\left(\frac{2}{3}\right)(x-6)$，分散 $(1-0.3^2)4$ の正規分布に従う．したがって $X = 4$ が与えられている場合は，平均2.6，分散3.64の正規分布に従うため

$$P(5 < Y < 9|X = 4) = P\left(\frac{5-2.6}{\sqrt{3.64}} < Z \leq \frac{9-2.6}{\sqrt{3.64}}\right)$$
$$= \Phi(3.35) - \Phi(1.26) = 0.104.$$

(v)

$$P(5 < Y < 9|Y > 0) = \frac{P(5 < Y < 9)}{P(Y > 0)} = \frac{0.157}{P\left(Z > \frac{0-3}{2}\right)}$$
$$= \frac{0.157}{\Phi(1.5)} = 0.169$$

例 3.38

確率変数 (X, Y) が二変量正規分布に従い，$E(X|Y) = 15 - 0.3Y$，$E(Y|X) = 27 - 0.7X$ で，$\mathrm{Var}(Y|X) = 12.64$ のとき，X の平均，分散，Y の平均，分散と，X と Y の相関係数を求めよ．

答

$Y = y$ が与えられているときの X の条件付き確率分布は，平均 $\mu_X + \rho\left(\frac{\sigma_X}{\sigma_Y}\right)(y - \mu_Y)$，分散 $(1-\rho^2)\sigma_X^2$ の正規分布に従う．また，$X = x$ が与えられているときの Y の条件付き確率分布は，平均 $\mu_Y + \rho\left(\frac{\sigma_Y}{\sigma_X}\right)(x - \mu_X)$，分散 $(1-\rho^2)\sigma_Y^2$ の正規分布に従うことから，以下の連立方程式を得る．

$$\mu_X + \rho\left(\frac{\sigma_X}{\sigma_Y}\right)(y - \mu_Y) = 15 - 0.3y \tag{3.1a}$$

$$\mu_Y + \rho\left(\frac{\sigma_Y}{\sigma_X}\right)(x - \mu_X) = 27 - 0.7x \tag{3.1b}$$

$$(1-\rho^2)\sigma_Y^2 = 12.64 \tag{3.1c}$$

式 (3.1a) について，y の係数を比較することで $\rho\left(\dfrac{\sigma_X}{\sigma_Y}\right) = -0.3$ が得られ，また $\dfrac{\sigma_Y}{\sigma_X} = -\dfrac{\rho}{0.3}$ であり，$\dfrac{\sigma_Y}{\sigma_X} > 0$ であることから $\rho < 0$ であることが分かる．式 (3.1b) についても同様に x の係数を比較することで $\rho\left(\dfrac{\sigma_Y}{\sigma_X}\right) = -0.7$ が得られ，これらの結果から $\rho = -0.46$ となる．

続いて式 (3.1a) と (3.1b) の切片についてそれぞれ比較することで，$\mu_X - \rho\mu_Y\left(\dfrac{\sigma_X}{\sigma_Y}\right) = 15$ および $\mu_Y - \rho\mu_X\left(\dfrac{\sigma_Y}{\sigma_X}\right) = 27$ が得られる．$\rho = -0.46$ を代入しこれらの連立方程式を解くことで，$\mu_X = 11.8$，$\mu_Y = 23.2$ となる．

最後に式 (3.1c) について $\rho = -0.46$ を代入することで $\sigma_Y^2 = 16$ が得られ，また前述の $\rho\left(\dfrac{\sigma_X}{\sigma_Y}\right) = -0.3$ に各値を代入することで $\sigma_X^2 = 6.76$ が得られる．

したがってこれらの結果から，$\mu_X = 11.8$, $\mu_Y = 23.2$, $\sigma_X^2 = 6.76$, $\sigma_Y^2 = 16$, $\rho = -0.46$ である．

例 3.39

国語の試験の平均が 60 で標準偏差は 8，数学の試験の平均が 80 で標準偏差が 10 であるとする．また，国語と数学の得点は相関が 0.6 の二変量正規分布に従っているとする．

(i)　国語で 80 点取った生徒が数学で 85 点以上取る確率を求めよ．

(ii)　ある生徒の数学と国語の点数の合計が 160 以上である確率を求めよ．

(iii)　ある生徒を選んだとき，その生徒の数学の点数が国語の点数よりも高い確率を求めよ．

答

(i)　ある生徒の国語の得点を X，数学の得点を Y とすると，(X, Y) は平均 $(60, 80)$，分散 $(8^2, 10^2)$，相関 0.6 の二変量正規分布に従う．したがって，$X = 80$ が与えられたもとで Y は，平均 $80 + 0.6\left(\dfrac{10}{8}\right)(80-60) = 95$，分散 $(1-0.6^2)10^2 = 64$ の正規分布に従うので

$$P(Y \geq 85|X = 80) = P\left(Z \geq \frac{85-95}{8}\right) = 1 - \{1 - \Phi(1.25)\} = 0.894.$$

(ii)　$X + Y$ は平均 $60 + 80 = 140$，分散 $64 + 100 + 2 \times 0.6 \times 8 \times 10 = 260$

の正規分布に従うので

$$P(X+Y \geq 160) = P\left(Z \geq \frac{160-140}{\sqrt{260}}\right) = 0.107.$$

(iii)　$Y-X$ は平均 $80-60=20$，分散 $64+100-2\times 0.6\times 8\times 10=68$ の正規分布に従うので

$$P(Y>X) = P\,(Y-X>0) = P(Z>-2.43) = 0.992.$$

問26　確率変数 X，Y が二変量正規分布に従い，$\mu_X=10$，$\sigma_X^2=25$，$\mu_Y=12$，$\sigma_Y^2=9$ で，

(i)　$\rho>0$，$P(3<X<13|Y=12)=0.7333$ のとき，ρ の値を求めよ．

(ii)　$\rho=0$ のとき，$P(X+Y<25)$ を求めよ．

章末問題

問題 1　確率変数 X が次の確率密度関数をもつとき，X はパラメータ α，β のコーシー分布に従うという．

$$f_X(x) = \frac{\alpha}{\pi[\alpha^2 + (x-\beta)^2]}, \qquad -\infty < x < \infty$$

ここで $-\infty < \beta < \infty$，$\alpha > 0$.

(i)　すべての x で $f_X(x) \geq 0$，$\displaystyle\int_{-\infty}^{\infty} f(\mathrm{x})dx = 1$ を確かめよ．

(ii)　分布関数を求めよ．

(iii)　$\mathrm{E}(X)$ は，存在しないことを示せ．

(iv)　モードとメジアンは β であることを示せ．

(v)　この密度関数 $f_X(x)$ は，β について対称であることを示せ．

問題 2　確率変数 X が次の確率密度関数に従うとき，X はパラメータ α，β のラプラス分布に従うという．

$$f_X(x) = \frac{1}{2\beta}\exp\left[-\frac{|x-\beta|}{\beta}\right], \qquad -\infty < x < \infty$$

ここで $-\infty < \alpha < \infty$，$\beta > 0$.

(i)　すべての x で，$f_X(x) \geq 0$，$\displaystyle\int_{-\infty}^{\infty} f(x)dx = 1$ を示せ．

(ii)　分布関数を求めよ．

(iii)　X の期待値と分散を求めよ．

(iv)　積率母関数を求めよ．

問題 3　確率変数 X が次の確率密度関数に従うとき，X はパラメータ α，β のワイブル分布に従うという．

$$f_X(x) = \begin{cases} \alpha\beta x^{\beta-1}e^{-\alpha x^{\beta}} & x > 0 \\ 0 & \text{その他の場合} \end{cases}$$

(i)　すべての x で，$f_X(x) \geq 0$，$\displaystyle\int_{-\infty}^{\infty} f(x)dx = 1$ を示せ．

(ii)　分布関数を求めよ．

(iii)　X の期待値と分散を求めよ．

問題 4　確率変数 X が次の確率密度関数をもつとき，X はパラメータ k，θ のパレート分布に従うという．

$$f_X(x) = \begin{cases} \theta k^{\theta} x^{-\theta-1} & x \geq k \\ 0 & x < k \end{cases}$$

ここで $k > 0$, $\theta > 0$.

(i)　分布関数を求めよ.

(ii)　X の期待値と分散を求めよ.

問題5　確率変数 Y がパラメータ μ, σ^2 の正規分布に従っているとき, $X = e^Y$ とすると, X はパラメータ μ, σ^2 の対数正規分布に従っているという.

(i)　X の確率密度関数を求めよ.

(ii)　X の期待値と分散を求めよ.

第4章

標本分布

4.1　ランダム標本

4.1.1　ランダム標本

確率変数 $X_1, X_2, \ldots, X_n$ が互いに独立にそれぞれ同一分布に従うとき，確率変数 $X_1, X_2, \ldots, X_n$ は，その確率分布をもつ母集団からの大きさ n のランダム標本といい，その確率分布を母集団分布という．

4.1.2　統計量

$X_1, X_2, \ldots, X_n$ をランダム標本とすると，$X_1, X_2, \ldots, X_n$ の関数を統計量といい，統計量もまた確率変数であり，その確率分布を標本分布という．

例 4.1

$X_1, X_2, \ldots, X_n$ を平均 μ, 分散 σ^2 の正規分布からの大きさ n のランダム標本とするとき, 次の統計量の分布を求めよ．

(i)　$T_1 = X_n$

(ii)　$T_2 = X_1 + X_2$

(iii)　$T_3 = X_1 - X_2$

(iv)　$T_4 = X_1 + X_2 + \cdots + X_n$

答

(i)　$T_1 = X_n$ の積率母関数は，次のようになる．

$$m_{T_1}(t) = m_{X_n}(t) = \exp\left(\mu t + \frac{\sigma^2 t^2}{2}\right) \quad -\infty < t < \infty$$

これは，$N(\mu, \sigma^2)$ の積率母関数と一致する．よって，積率母関数の一意性より，$T_1 \sim N(\mu, \sigma^2)$．

(ii)　$T_2 = X_1 + X_2$ の積率母関数は，次のようになる．

$$\begin{aligned} m_{T_2}(t) &= m_{X_1+X_2}(t) = \mathrm{E}[e^{(X_1+X_2)t}] = \mathrm{E}[e^{X_1 t}]\mathrm{E}[e^{X_2 t}] \\ &= \exp(\sigma^2 t^2) \quad -\infty < t < \infty \end{aligned}$$

これは，$N(0, 2\sigma^2)$ の積率母関数と一致する．よって，積率母関数の一意性より，$T_2 \sim N(0, 2\sigma^2)$．

(iii)　$T_2 = X_1 - X_2$ の積率母関数は，次のようになる．

$$\begin{aligned} m_{T_2}(t) &= m_{X_1-X_2}(t) = \mathrm{E}[e^{(X_1-X_2)t}] = \mathrm{E}[e^{X_1 t}]\mathrm{E}[e^{-X_2 t}] \\ &= \exp(\sigma^2 t^2) \quad -\infty < t < \infty \end{aligned}$$

これは，$N(0, 2\sigma^2)$ の積率母関数と一致する．よって，積率母関数の一意性より，$T_2 \sim N(0, 2\sigma^2)$．

(iv)　$T_4 = X_1 + \cdots + X_n$ の積率母関数は，次のようになる．

$$\begin{aligned} m_{T_4}(t) &= m_{X_1+\cdots+X_n}(t) = \mathrm{E}[e^{(X_1+\cdots+X_n)t}] = \mathrm{E}[e^{X_1 t}]\cdots\mathrm{E}[e^{X_n t}] \\ &= \exp\left(n\mu t + \frac{n\sigma^2 t^2}{2}\right) \quad -\infty < t < \infty \end{aligned}$$

これは，$N(n\mu, n\sigma^2)$ の積率母関数と一致する．よって，積率母関数の一意性より，$T_4 \sim N(n\mu, n\sigma^2)$．

例 4.2

X, Y を区間 $[0, 1]$ の一様分布からの大きさ2のランダム標本とする．このとき，統計量 $U = X + Y$ の確率密度関数を求めよ．

答

X, Y の結合確率密度関数 $g(x, y)$ は

$$g(x,y) = \begin{cases} 1 & 0 \leq x \leq 1, \quad 0 \leq y \leq 1 \\ 0 & \text{その他の場合} \end{cases}$$

であり，変数変換として $u = x + y,\ v = x$ とおくと

$$f(u,v) = g(v, u-v)\left|\frac{\partial(x,y)}{\partial(u,v)}\right| = 1$$

である．よって，U の確率密度関数 $h(u)$ は

$$h(u) = \begin{cases} \displaystyle\int_0^u dv = u & 0 \leq u < 1 \\ \displaystyle\int_{u-1}^1 dv = 2-u & 1 \leq u < 2 \\ 0 & \text{その他の場合} \end{cases}$$

となる．

問 1　次のような母集団分布について，大きさ n のランダム標本の結合確率関数または，結合確率密度関数をそれぞれ求めよ．

(i)　パラメータ p のベルヌーイ分布　(ii)　パラメータ λ のポアソン分布

(iii)　パラメータ p の幾何分布　(iv)　区間 $[a,b]$ の一様分布

(v)　パラメータ μ, σ^2 の正規分布　(vi)　パラメータ λ の指数分布

問 2　$X,\ Y,\ Z$ を区間 $[-1,1]$ の一様分布からの大きさ 3 のランダム標本とする．このとき，統計量 $U = X + Y + Z$ の確率密度関数を求めよ．

4.2　標本積率

4.2.1　標本積率

$X_1, X_2, \ldots, X_n$ が母集団確率変数 X からの大きさ n のランダム標本とすると

$$M_r = \frac{1}{n}\sum_{i=1}^{n} X_i^r$$

を r 次の標本積率（r-th sample moment）という．

特に，$r = 1$ の場合，**標本平均**（sample mean）と呼び

$$\overline{X}_n = \frac{1}{n}\sum_{i=1}^{n} X_i$$

と表す．また

$$\frac{1}{n}\sum_{i=1}^{n}(X_i - \overline{X}_n)^r$$

を $\overline{X}_n$ のまわりの r 次の**標本積率**（r-th moment about $\overline{X}_n$）と呼ぶ．

このとき特に r=2 の場合を**標本分散**（sample variance）と呼び

$$S_n^2 = \frac{1}{n}\sum_{i=1}^{n}(X_i - \overline{X}_n)^2$$

で表す．また

$$S_n = \sqrt{S_n^2} = \sqrt{\frac{1}{n}\sum_{i=1}^{n}(X_i - \overline{X}_n)^2}$$

を**標本標準偏差**（sample standard deviation）という．

例 4.3

S_n^2 を標本分散とする．このとき

$$S_n^2 = \frac{1}{n}\sum_{i1} X_i^2 - \overline{X}^2$$

であることを示せ．さらに

$$S_n^2 = \frac{1}{2n^2}\sum_{i=1}^{n}\sum_{j=1}^{n}(X_i - X_j)^2$$

であることを示せ．

答

まず，$S_n^2 = \frac{1}{n}\sum_{i=1}^{n}(X_i - \overline{X})^2$ より

$$\frac{1}{n}\sum_{i=1}^{n}(X_i - \overline{X})^2 = \frac{1}{n}\sum_{i=1}^{n} X_i^2 - \overline{X}^2$$

を示す.

$$\begin{aligned}\frac{1}{n}\sum_{i=1}^{n}(X_i - \overline{X})^2 &= \frac{1}{n}\sum_{i=1}^{n}(X_i^2 - 2X_i\overline{X} + \overline{X}^2)\\ &= \frac{1}{n}\sum_{i=1}^{n} X_i^2 - 2\overline{X}^2 + \overline{X}^2\\ &= \frac{1}{n}\sum_{i=1}^{n} X_i^2 - \overline{X}^2\end{aligned}$$

次に

$$\frac{1}{n}\sum_{i=1}^{n}(X_i - \overline{X})^2 = \frac{1}{2n^2}\sum_{i=1}^{n}\sum_{j=1}^{n}(X_i - X_j)^2$$

を示す.

$$\begin{aligned}\frac{1}{n}\sum_{i=1}^{n}(X_i - \overline{X})^2 &= \frac{1}{n}\sum_{i=1}^{n}(X_i^2 - 2X_i\overline{X} + \overline{X}^2)\\ &= \frac{1}{n}\sum_{i=1}^{n}\left\{X_i^2 - 2X_i\left(\frac{1}{n}\sum_{j=1}^{n} X_j\right) + \left(\frac{1}{n}\sum_{j=1}^{n} X_j\right)^2\right\}\\ &= \frac{1}{n}\sum_{i=1}^{n} X_i^2 - \frac{1}{n^2}\left(\sum_{i=1}^{n} X_i\right)^2\end{aligned}$$

一方

$$\begin{aligned}&\frac{1}{2n^2}\sum_{i=1}^{n}\sum_{j=1}^{n}(X_i - X_j)^2 = \frac{1}{2n^2}\sum_{i=1}^{n}\sum_{j=1}^{n}(X_i^2 - 2X_iX_j + X_j^2)\\ &= \frac{1}{2n^2}\left\{n\left(\sum_{i=1}^{n} X_i^2\right) - 2\left(\sum_{i=1}^{n} X_i\right)\left(\sum_{j=1}^{n} X_j\right) + n\left(\sum_{j=1}^{n} X_j^2\right)\right\}\\ &= \frac{1}{2n}\sum_{i=1}^{n} X_i^2 - \frac{1}{n^2}\left(\sum_{i=1}^{n} X_i\right)^2 + \frac{1}{2n}\sum_{i=1}^{n} X_i^2\\ &= \frac{1}{n}\sum_{i=1}^{n} X_i^2 - \frac{1}{n^2}\left(\sum_{i=1}^{n} X_i\right)^2\end{aligned}$$

となり一致. 以上で題意は示された.

問3　$X_1, X_2, \ldots, X_n$ を以下の分布からの大きさ n のランダム標本とするとき，$X_1 + X_2 + \cdots + X_n$ の分布を求めよ．

(i)　パラメータ p のベルヌーイ分布
(ii)　パラメータ λ の指数分布
(iii)　パラメータ λ のポアソン分布

問4　$X_1, X_2, \ldots, X_n$ を確率変数 X からの大きさ n のランダム標本とし，$\mathrm{E}(X) = \mu$, $\mathrm{E}[(X-\mu)^3] = \mu_3$ とする．このとき

$$\mathrm{E}[(\overline{X} - \mu)^3] = \frac{\mu_3}{n^2}$$

であることを示せ．

4.3　順序統計量

4.3.1　順序統計量

$X_1, X_2, \ldots, X_n$ を母集団確率変数 X からの大きさ n のランダム標本とするとき，これを大きさの順にならべて，$X_{(1)} \leq X_{(2)} \leq \ldots \leq X_{(n)}$ とおく．このとき，$X_{(1)}, X_{(2)}, \ldots, X_{(n)}$ をこの標本の**順序統計量**（order statistics）といい，$X_{(i)}$ を i 番目の順序統計量という．

※ランダム標本 $X_1, X_2, \ldots, X_n$ はその定義から独立であるが，順序統計量 $X_{(1)}, X_{(2)}, \ldots, X_{(n)}$ は独立ではない．

4.3.2　標本メジアン，標本範囲，標本中点

(i)　**標本メジアン（中央値）**（sample median）は標本の大きさ n が奇数のときは順序統計量の中央にくる値，また，n が偶数のときは中央にくる2つの値の平均である．すなわち

$$\text{標本メジアン} \equiv \widetilde{X} = \begin{cases} X_{(k)} & n = 2k-1 \\ \dfrac{[X_{(k)} + X_{(k+1)}]}{2} & n = 2k. \end{cases}$$

(ii)　標本範囲（sample range）は $R = X_{(n)} - X_{(1)}$ で定義される.

(iii)　標本中点（sample midrange）は $\dfrac{[X_{(1)} + X_{(n)}]}{2}$ で定義される.

4.3.3　順序統計量の分布

(i)　$X_{(n)}$ の分布関数を $F_{(n)}(x)$ とすると

$$F_{(n)}(x) = [F(x)]^n \qquad -\infty < x < \infty.$$

さらに，母集団分布が連続型で，確率密度関数 $f(x)$ をもつとき，$X_{(n)}$ の確率密度関数 $f_{(n)}$ は次のように与えられる.

$$f_{(n)}(x) = n[F(x)]^{n-1} f(x) \qquad -\infty < x < \infty$$

(ii)　$X_{(1)}$ の分布関数を $F_{(1)}(x)$ とすると

$$F_{(1)}(x) = 1 - [1 - F(x)]^n \qquad -\infty < x < \infty.$$

さらに，母集団分布が連続型で，確率密度関数 $f(x)$ をもつとき，$X_{(1)}$ の確率密度関数は

$$f_{(1)}(x) = n - [1 - F(x)]^{n-1} f(x) \qquad -\infty < x < \infty.$$

(iii)　$X_{(r)}$ の分布関数を $F_{(r)}(x)$ とすると

$$F_{(r)}(x) = \sum_{j=r}^{n} \binom{n}{j} [Fx]^j [1 - F(x)]^{n-j} \qquad -\infty < x < \infty, r = 1, 2, \ldots, n.$$

さらに，母集団分布が連続型で，確率密度関数 $f(x)$ をもつとき，$X_{(r)}$ の確率密度関数は

$$f_{(r)}(x) = nf(x) \binom{n-1}{r-1} [F(x)]^{r-1} [1 - F(x)]^{n-r} \qquad -\infty < x < \infty.$$

例 4.4

$X_1, X_2, \ldots, X_n$ をパラメータ λ の指数分布からの大きさ n のランダム標本とし，$X_{(1)}, X_{(2)}, \ldots, X_{(n)}$ をその順序統計量とするとき

(i)　$X_{(1)}$ の確率密度関数を求めよ.

(ii) $X_{(n)}$ の確率密度関数を求めよ.

答

(i) まず, X をパラメータ λ の指数分布に従う確率変数とすると, その確率密度関数は

$$f_X(x) = \begin{cases} \lambda e^{-\lambda x} & x > 0 \\ 0 & \text{その他の場合} \end{cases}$$

である. よって X の分布関数は

$$\begin{aligned} F_X(x) &= P(X \leq x) \\ &= \begin{cases} \displaystyle\int_0^x \lambda e^{-\lambda u} du = 1 - e^{-\lambda x} & x > 0 \\ 0 & \text{その他の場合} \end{cases} \end{aligned}$$

となる.

$X_{(1)}$ の分布関数を $F_{(1)}(x)$ とすると

$$\begin{aligned} F_{(1)}(x) &= P(X_{(1)} \leq x) \\ &= 1 - P(X_1 > x, X_2 > x, \ldots, X_n > x) \\ &= 1 - [1 - F_X(x)]^n \end{aligned}$$

となり, $F_{(1)}(x)$ は全実数で連続である. 次に, 微分可能性を調べると, $x = 0$ 以外のところでは微分可能であることから, $x = 0$ 以外において $X_{(1)}$ の確率密度関数 $f_{(1)}(x)$ は

$$\begin{aligned} f_{(1)}(x) &= \frac{dF_{(1)}(x)}{dx} \\ &= \begin{cases} n[1 - F_X(x)]^{n-1} f_X(x) = n\lambda e^{-n\lambda x} & x > 0 \\ 0 & x < 0 \end{cases} \end{aligned}$$

となる. ただし, $x = 0$ のとき $f_{(1)}(x)$ は任意の値を取る.

(ii) $X_{(n)}$ の分布関数を $F_{(n)}(x)$ とすると

$$\begin{aligned} F_{(n)}(x) &= P(X_{(n)} \leq x) \\ &= P(X_1 \leq x, X_2 \leq x, \ldots, X_n \leq x) \end{aligned}$$

$$= [F_X(x)]^n$$

となり，$F_{(n)}(x)$ は全実数で連続である．また，微分可能性を調べると，すべての実数で微分可能であることから，$X_{(n)}$ の確率密度関数 $f_{(n)}(x)$ は

$$f_{(n)}(x) = \frac{dF_{(n)}(x)}{dx} = \begin{cases} n[F_X(x)]^{n-1} f_X(x) = n\lambda e^{-\lambda x}(1-e^{-\lambda x})^{n-1} & x > 0 \\ 0 & x \leq 0 \end{cases}$$

となる．

問5　$X_1, X_2, \ldots, X_n$ を区間 $(0,1)$ の一様分布からのランダム標本とし，$X_{(1)}, X_{(2)}, \ldots, X_{(n)}$ をその順序統計量とするとき

(i)　$R = X_{(n)} - X_{(1)}$ の確率密度関数を求めよ．

(ii)　$\mathrm{E}(R)$, $\mathrm{Var}(R)$ を求めよ．

4.4　正規分布からのランダム標本

4.4.1　標本平均と標本分散の分布

$X_1, X_2, \ldots, X_n$ を平均 μ，分散 σ^2 の正規分布からの大きさ n のランダム標本とし，$\overline{X} = \frac{1}{n}\sum_{i=1}^{n} X_i$，$S^2 = \frac{1}{n}\sum_{i=1}^{n}(X_i - \overline{X})^2$ とすると

(i)　$\overline{X}$ は平均 μ，分散 $\dfrac{\sigma^2}{n}$ の正規分布に従う．

(ii)　$\displaystyle\sum_{i=1}^{n} \frac{(X_i - \overline{X})^2}{\sigma^2} = \frac{nS^2}{\sigma^2}$ は自由度 $n-1$ のカイ 2 乗分布に従う．

(iii)　$\overline{X}$ と S^2 は独立である．

例 4.5

$X_1, X_2, \ldots, X_{25}$ を平均 4，分散 16 の正規分布からの大きさ 25 のランダム標本とするとき，次を求めよ．

(i) $P(\overline{X} < 4)$,　(ii) $P(\overline{X} > 5)$,　(iii) $P(|\overline{X} - 4| < 1)$

また，次のような定数 c を求めよ．

$$\text{(iv)}\ \ P(\overline{X} < c) = 0.95, \quad \text{(v)}\ \ P(|\overline{X} - 4| \geq c) = 0.01$$

答

$$\overline{X} = \frac{X_1 + X_2 + \cdots + X_{25}}{25} \sim N\left(4, \frac{16}{25}\right)$$

であるから

$$Z = \frac{\overline{X} - 4}{\frac{4}{5}}$$

とおくと，$Z \sim N(0, 1)$ となる．

(i)

$$\begin{aligned} P(\overline{X} < 4) &= P\left(Z < \frac{4-4}{\frac{4}{5}}\right) \\ &= P(Z < 0) = \Phi(0) \\ &= 0.5. \end{aligned}$$

(ii)

$$\begin{aligned} P(\overline{X} > 5) &= P\left(Z > \frac{5-4}{\frac{4}{5}}\right) \\ &= P(Z > 1.25) = 1 - \Phi(1.25) \\ &= 0.105650 \fallingdotseq 0.1057. \end{aligned}$$

(iii)

$$\begin{aligned} P(|\overline{X} - 4| < 1) &= P(3 < \overline{X} < 5) \\ &= P\left(\frac{4-5}{\frac{2}{3}} < Z < \frac{6-5}{\frac{2}{3}}\right) \\ &= P(-1.5 < Z < 1.5) = 2(\Phi(1.5) - 0.5) \\ &= 0.866386 \fallingdotseq 0.8664. \end{aligned}$$

(iv)

$$\begin{aligned} P(\overline{X} < c) &= P\left(Z < \frac{c-5}{\frac{2}{3}}\right) \\ &= \Phi\left(\frac{c-5}{\frac{2}{3}}\right) = 0.95 \end{aligned}$$

を満たすcを求める．ここで，$\Phi(1.64) \fallingdotseq 0.95$より

$$c \fallingdotseq 6.09388 \fallingdotseq 6.0939$$

となる．

(v)
$$\begin{aligned} P(|\overline{X} - 5| \geq c) &= P\left(|Z| \geq \frac{3c}{2}\right) \\ &= 2(1 - \Phi(1.5c)) = 0.01 \end{aligned}$$

を満たすcを求める．$\Phi(1.5c) = 0.995$となり，ここで$\Phi(2.58) \fallingdotseq 0.995$より

$$c = 1.72$$

となる．

問6　平均μ，分散25の正規分布から大きさnのランダム標本を取るとき, その標本平均が母集団分布の平均μの1以内である確率が0.95以上であるようにするためには, nをどれくらいにすればよいか求めよ．

問7　$X_1, X_2, \ldots, X_n$を平均μ，分散σ^2の正規分布からの大きさnのランダム標本とするとき

(i) $\displaystyle\sum_{i=1}^{n} \frac{(X_i - \mu)^2}{\sigma^2}$は自由度$n$のカイ二乗分布に従うことを示せ．

(ii) $\overline{X}$をその標本平均とすると，$\dfrac{n(\overline{X} - \mu)^2}{\sigma^2}$は自由度1のカイ二乗分布に従うことを示せ．

4.5 いくつかの収束

(i) 確率収束

$Y_1, Y_2, \ldots$を確率変数の列とし，cをある定数とするとき，与えられたすべての正の整数εに対して

$$\lim_{n \to \infty} P\left(|Y_n - c| < \varepsilon\right) = 1$$

ならば，確率変数列$\{Y_n\}$はcへ**確率収束**（convergence in probability）するといい，$Y_n \xrightarrow{p} c$で表す．

(ii) 平均二乗収束

$Y_1, Y_2, \ldots$ を確率変数の列とし，ある定数 c に対して

$$\lim_{n\to\infty} \mathrm{E}[(Y_n - c)^2] = 0$$

が成り立つとき，Y_n は c へ**平均二乗収束**（convergence in quadratic mean）するといい，$Y_n \overset{q.m.}{\to} c$ で表す．

(iii) 概収束

$Y_1, Y_2, \ldots$ を確率変数の列とし

$$\Pr\left(\lim_{n\to\infty} Y_n = c\right) = 1$$

ならば，その確率変数の列は c に**確率 1 に収束**，または**概収束**（convergence with probability 1 or almost sure convergence）するという．

(iv) 法則収束 $Y_1, Y_2, \ldots$ を確率変数列とし，F_n を $Y_n, n = 1, 2, \ldots$ の分布関数とし，F_Y を確率変数 Y の分布関数とするとき，F_Y が連続であるすべての点 t で

$$\lim_{n\to\infty} F_n(t) = F_Y(t)$$

ならば，確率変数列$\{Y_n\}$は確率変数 Y へ**法則収束**（convergence in law または convergence in distribution）といい，$Y_n \overset{L}{\to} Y$ または，$Y_n \overset{d}{\to} Y$ で表す．また，このとき，Y の分布を Y_n の**漸近分布**という．

大数の法則（law of large numbers）

$X_1, X_2, \ldots, X_n$ が平均 $\mu(<\infty)$，分散 $\sigma^2(<\infty)$ の分布からのランダム標本とし，$\overline{X}_n$ をその標本平均とすると，$n\to\infty$ ならば

$$\overline{X}_n \overset{p}{\to} \mu.$$

すなわち，$n\to\infty$ のとき，$\overline{X}_n$ は μ に確率収束する．

例 4.6

確率変数の列，$Y_1, Y_2, \ldots$ が定数 c に平均二乗収束するには

$$\lim_{n\to\infty} \mathrm{E}(Y_n) = c, \quad \lim_{n\to\infty} \mathrm{Var}(Y_n) = 0$$

であることを示せ．

答

$Y_1, Y_2, \ldots$ が定数 c に平均二乗収束するとき，$\lim_{n\to\infty} \mathrm{E}[(Y_n - c)^2] = 0$ が成立す

る．ここで

$$\mathrm{E}[(Y_n - c)^2] = \mathrm{E}[Y_n^2 - 2cY_n + c^2] = \mathrm{Var}[Y_n] + (\mathrm{E}[Y_n] - c)^2$$

となり，$\mathrm{Var}[Y_n] \geq 0, (\mathrm{E}[Y_n] - c)^2 \geq 0$ であるので

$$\lim_{n\to\infty} \left\{\mathrm{Var}[Y_n] + (\mathrm{E}[Y_n] - c)^2\right\} = 0$$

となるためには，$\lim_{n\to\infty} \mathrm{Var}[Y_n] = 0, \lim_{n\to\infty} \mathrm{E}[Y_n] = c.$

問 8　確率変数の列，$Y_1, Y_2, \ldots$ が定数 c に平均二乗収束するならば，その確率変数の列は定数 c に確率収束することを示せ．

問 9　$Y_1, Y_2, \ldots$ を確率変数の列とし，$n = 1, 2, \ldots$ について

$$P(Y_n = n^2) = \frac{1}{n},\ \ P(Y_n = 0) = 1 - \frac{1}{n}$$

であるとき，$\lim_{n\to\infty} E(Y_n) = \infty$ で $Y_n \xrightarrow{p} 0$ となることを示せ．

4.6　中心極限定理

4.6.1　連続定理（continuity theorem）

$\{Y_n\}$ を確率変数列とし，$n = 1, 2, \ldots,$ について，Y_n の関率母関数 $m_n(t)$ が区間 $(-h, h)$ で存在するとする．また，確率変数 Y の関率母関数 $m_Y(t)$ も区間 $(-h, h)$ で存在するとする．このとき，確率変数列 $\{Y_n\}$ が確率変数 Y へ法則収束する必要十分条件はすべての $t \in (-h, h)$ で $\lim_{n\to\infty} m_n(t) = m_Y(t)$.

4.6.2　中心極限定理

$X_1, X_2, \ldots, X_n$ を平均 $\mu(< \infty)$, 分散 $\sigma^2(< \infty)$ をもつ分布からのランダム標本とし，$\overline{X}_n$ を標本平均とする．また，Z を標準正規分布に従う確率変数とすると

$$\frac{\sqrt{n}}{\sigma}\left(\overline{X}_n - \mu\right)$$

は Z へ法則収束する．

例 4.7

確率変数の列$\{Y_n\}$においてY_nが$n=1,2,\ldots$について，パラメータnのポアソン分布に従うとき，連続定理を用いて，$\dfrac{Y_n-n}{\sqrt{n}}$の極限分布は標準正規分布であることを示せ.

答

$Z_n=\dfrac{Y_n-n}{\sqrt{n}}$とおき，$m_{Z_n}(t)$を$Z_n$の積率母関数とする．$Y_n$がパラメータ$n$のポアソン分布に従うので，その積率母関数は

$$m_{Y_n}(t)=\exp[n(e^t-1)] \quad -\infty<t<\infty$$

となる．よって

$$\begin{aligned} m_{Z_n}(t) &= \mathrm{E}(e^{tZ_n}) = e^{-\sqrt{n}\,t}\mathrm{E}(e^{\frac{t}{\sqrt{n}}Y_n}) \\ &= e^{-\sqrt{n}\,t}m_{Y_n}\left(\frac{t}{\sqrt{n}}\right) \\ &= \exp\left(-\sqrt{n}\,t+n(e^{\frac{t}{\sqrt{n}}}-1)\right) \quad -\infty<t<\infty \end{aligned}$$

となる．連続定理より，$Z_n=\dfrac{Y_n-n}{\sqrt{n}}\xrightarrow{\mathrm{L}}Z$を示すには

$$\lim_{n\to\infty}m_{Z_n}(t)=m_Z(t)$$

となることを示せばよい．ただし，Zは標準正規分布に従う確率変数であり

$$m_Z(t)=\exp\left(\frac{t^2}{2}\right) \quad -\infty<t<\infty$$

である.

$$\begin{aligned} &\log m_{Z_n}(t) \\ &= -\sqrt{n}t+n(e^{\frac{t}{\sqrt{n}}}-1) \\ &= -\sqrt{n}t+n\left(1+\frac{t}{\sqrt{n}}+\frac{1}{2!}\left(\frac{t}{\sqrt{n}}\right)^2+\frac{1}{3!}\left(\frac{t}{\sqrt{n}}\right)^3+O(n^{-2})-1\right) \\ &= \frac{t^2}{2}+\frac{t^3}{6\sqrt{n}}+O(n^{-1}) \longrightarrow \frac{t^2}{2}\ (n\to\infty) \end{aligned}$$

となるので

$$\lim_{n\to\infty} \log m_{Z_n}(t) = \frac{t^2}{2}$$

となる．したがって

$$\lim_{n\to\infty} m_{Z_n}(t) = \exp\left(\frac{t^2}{2}\right)$$

となり，題意が示された．

例 4.8

標本平均が母集団平均の 0.2σ 以内になる確率が 99% 以上であるためには，標本の大きさをどのくらいにしなければならないかを次のそれぞれの方法を用いて求めよ．

(i)　チェビシェフの不等式

(ii)　中心極限定理

答

$X_1, X_2, \ldots, X_n$ を平均 μ, 分散 σ^2 をもつ母集団分布からのランダム標本とし，$\overline{X}$ を標本平均とする．このとき，$\mathrm{E}(\overline{X}) = \mu$, $\mathrm{Var}(\overline{X}) = \frac{\sigma^2}{n}$ である．

(i)　チェビシェフの不等式より

$$P(|\overline{X} - \mu| < 0.2\sigma) \geq 1 - \frac{4}{n}$$

よって，標本平均が母集団平均の 0.2σ 以内になる確率が 99% 以上であるためには

$$1 - \frac{25}{n} \geq \frac{99}{100}$$

が成り立てばよい．これを解くと，$n \geq 2500$ となる．よって，標本の大きさは，2500 以上にしなければならない．

(ii)

$$P(|\overline{X} - \mu| < 0.2\sigma) = P\left(\frac{|\overline{X} - \mu|}{\sqrt{\frac{\sigma^2}{n}}} < \frac{\sqrt{n}}{5}\right).$$

ここで，中心極限定理より，Z を標準正規分布に従う確率変数とすると，

$\dfrac{\overline{X}-\mu}{\sqrt{\frac{\sigma^2}{n}}}$ は Z へ法則収束するので

$$P\left(\frac{|\overline{X}-\mu|}{\sqrt{\frac{\sigma^2}{n}}} < \frac{\sqrt{n}}{5}\right) \fallingdotseq P\Big(|Z| < \frac{\sqrt{n}}{5}\Big) \geq \frac{99}{100}$$

となり

$$\Phi\Big(\frac{\sqrt{n}}{5}\Big) \geq 0.995$$

となる．$\Phi(2.58) \fallingdotseq 0.995$ より，$n \geq 166.41$．よって，標本の大きさは，167 以上にしなければならない．

問 10　確率変数の列$\{Y_n\}$において Y_n が $n = 1, 2, \ldots$ について，自由度 n の χ^2 分布に従うとき，$(Y_n - n)/\sqrt{2n}$ は標準正規分布に法則収束することを示せ．

問 11　$X_1, X_2, \ldots, X_{108}$ を区間 $[0, 1]$ の一様分布からの大きさ 108 のランダム標本とするとき，$P(|\overline{X}_n - 0.5| < 0.01)$ の確率を求めよ．

章末問題

問題 1　X, Y を区間 $[0, 1]$ の一様分布からの大きさ 2 のランダム標本とする．このとき，統計量 $U = X + Y$ と $V = X - Y$ との結合確率密度関数を求めよ．

問題 2　$X_1, X_2, \ldots, X_n$ を平均 μ，分散 σ^2 の正規分布からの大きさ n のランダム標本とするとき，標本分散 S^2 の平均と分散を求めよ．

問題 3　$X_1, X_2, \ldots, X_n$ を平均 μ，分散 σ^2 の正規分布からの大きさ n のランダム標本とするとき

$$T = \frac{\overline{X} - \mu}{\sqrt{\dfrac{S^2}{n-1}}} = \frac{\sqrt{n}(\overline{X} - \mu)}{U}$$

は，自由度 $n-1$ の t 分布に従うことを示せ．ここに，$\overline{X}$ は標本平均，$U^2 = \dfrac{1}{n-1}\displaystyle\sum_{i=1}^{n}(X_i - \overline{X})^2$ は不偏標本分散である．

問題 4　$X_1, X_2, \ldots, X_n$ を大きさ n のランダム標本とし

$$\overline{X} = \frac{1}{n}\sum_{i=1}^{n} X_i,\ V^2 = \sum_{i=1}^{n}(X_i - \overline{X})^2$$

とする．さらに，$X_1, X_2, \ldots, X_n$ から X_i を除いた大きさ $n-1$ のランダム標本に対して

$$\overline{X}_{(i)} = \frac{1}{n}\sum_{\substack{j=1 \\ j \neq i}}^{n} X_j,\ V_{(i)}^2 = \sum_{\substack{j=1 \\ j \neq i}}^{n}(X_i - \overline{X}_{(i)})^2$$

とおくと

$$X_i - \overline{X}_{(i)} = \frac{n}{n-1}(X_i - \overline{X}),\ V_{(i)}^2 = V - \frac{n}{n-1}(X_i - \overline{X})^2$$

となることを示せ．

問題 5　$X_1, X_2, \ldots, X_n$ を大きさ n のランダム標本とし，母集団分布の平均を μ，分散を σ^2 とするとき，標本分散 S^2 が σ^2 に確率収束することを示せ．

問題 6　確率変数の列 $\{Y_n\}$ において Y_n が $n = 1, 2, \ldots$ について，$Y_n = (-1)^n Z$ とおくと Y_n の極限分布は標準正規分布であることを示せ．ただし，$Z \sim N(0, 1)$ である．

問題 7　$X_1, X_2, \ldots, X_n$ をパラメータ 1，0 のコーシー分布からの大きさ n のランダム標本とすると，標本平均 $\overline{X}$ はパラメータ 1，0 のコーシー分布に従うことを示せ．

問題8　$X_1, X_2, \ldots, X_n$ を平均 μ，分散 σ^2 の正規分布からの大きさ n のランダム標本とし，$\overline{X}$，S^2 をそれぞれ標本平均，標本分散とすると

$$T_n = (\overline{X} - \mu) \Bigg/ \left(\frac{S^2}{n}\right)^{\frac{1}{2}}$$

が標準正規分布に法則収束することを示せ.

第5章

推定

5.1　統計的推測

5.1.1　統計モデル

統計的推測では，データがある未知の確率分布に従う確率変数の観測値と仮定し，その未知の確率分布についてのある種の推測を行う．そのとき，確率変数が従うと思われる確率分布がいくつかあり，そのような分布の集まりを分布族という．またその分布族の中の１つの１つの分布を特長づけるものを母数または，パラメータ（parameter）と呼び，すべての可能なパラメータの集まりをパラメータ空間（parameter space）と呼ぶ．ここで，Θ をパラメータ空間，θ をパラメータとし，P_θ をパラメータで特長づけられた確率分布を表すとし，その分布族を $\mathscr{F} = \{P_\theta; \theta \in \Theta\}$ と表すとする．また，確率分布 P_θ の分布関数を F_θ とし，そのとき確率関数，または確率密度関数 f_θ が存在するときは，その分布族を $\mathscr{F} = \{F_\theta; \theta \in \Theta\}$ または，$\mathscr{F} = \{f_\theta; \theta \in \Theta\}$ によって表すこともある．このような分布族を統計モデルと呼ぶ．特に，パラメータ θ の値がわかればその確率分布が完全にわかる場合，その分布族をパラメトリックモデル（parametric model）という．それ以外の場合をノンパラメトリックモデル（nonparametric model）という．

5.1.2　推定量

$\mathscr{F} = \{F_\theta; \theta \in \Theta\}$ を統計モデルとし，$T(X_1, X_2, \ldots, X_n)$ が P_θ からの標本 $(X_1, X_2, \ldots, X_n)$ の統計量で，パラメータ空間 Θ の値を取るとき，T を θ の推定量（estimator）という．また $(x_1, x_2, \ldots, x_n)$ を $(X_1, X_2, \ldots, X_n)$ の観測値とすると $T(x_1, x_2, \ldots, x_n)$ はそのときの推定量の値であるが，これを特に推定

値 (estimate) という.

推定には，点推定と区間推定があり，与えられたデータを基にしてパラメータの値を1つの値で推定することが，**点推定** (point estimation) である．またパラメータがパラメータ空間のどの部分集合に属しているのか推定したり検定することが**区間推定** (interval estimation)，**仮説検定** (hypothesis testing) である.

5.2　十分統計量

$T = T(X_1, X_2, \ldots, X_n)$ を統計量としたとき，$T = t$ が，与えられているときの $X_1, X_2, \ldots, X_n$ の条件付き分布がパラメータ θ に依存しないとき，T を θ に関する**十分統計量** (sufficient statistic) という.

5.2.1　因子分解定理 (factorization theorem)

$(X_1, X_2, \ldots, X_n)$ をランダム標本とし, その結合確率関数, または結合確率密度関数を $f(\boldsymbol{x}; \theta)$ とする. ここで θ は未知のパラメータで, $\theta \in \Theta$. $T(X_1, X_2, \ldots, X_n)$ が θ に関する十分統計量である必要十分条件は，すべての $\boldsymbol{x} \in \boldsymbol{R}^n$, $\theta \in \Theta$ で

$$f(\boldsymbol{x}; \theta) = h(\boldsymbol{x}) g(T(\boldsymbol{x}), \theta)$$

の形に分解される非負の関数 h と g が存在することである．h は $\boldsymbol{x}$ にのみ依存し，g はパラメータ θ と統計量 $T = T(\mathbf{X})$ に依存する関数である.

※十分統計量の 1-1 対応の関数もまた十分統計量である.

5.2.2　完備統計量

「すべての $\theta \in \Theta$ で，$\mathrm{E}_\theta[r(T)] = 0$ ならば，つねに $P(r(T) = 0) = 1$」を満たす統計量 T を**完備統計量** (complete statistic) という.

※十分統計量で完備なものを完備十分統計量という.

例 5.1 ---

$X_1, X_2, \ldots, X_n$ をパラメータ λ のポアソン分布からの大きさ n のランダム標本とすると，$S = \sum_{i=1}^{n} X_i$ は λ の十分統計量であることを示せ.

答

確率変数 X がパラメータ $\lambda > 0$ のポアソン分布に従うとき，確率関数は次のようになる．

$$f_X(x) = \begin{cases} \dfrac{e^{-\lambda}\lambda^x}{x!} & x = 0, 1, 2, \ldots \\ 0 & \text{その他} \end{cases}$$

以上から結合確率関数は

$$f(\boldsymbol{x}; \lambda) = \left(\prod_{i=1}^{n} \frac{1}{x_i!}\right) e^{-n\lambda}\lambda^s$$

となり，$\prod_{i=1}^{n} \frac{1}{x_i!}$ は $\boldsymbol{x}$ のみに依存する非負関数であり，$e^{-n\lambda}\lambda^s$ はパラメータ λ と統計量 S に依存する非負関数である．

よって因子分解定理より，S は λ に関する十分統計量である． □

問1　$X_1, X_2, \ldots, X_n$ を以下の母集団分布からの大きさ n のランダム標本とする．

(i) パラメータ m, p の二項分布で，m は既知で p は未知であるとき，$T = \sum_{i=1}^{n} X_i$ が p に関する十分統計量であることを示せ．

(ii) パラメータ p の幾何分布で，p は未知であるとき，$T = \sum_{i=1}^{n} X_i$ が p に関する十分統計量であることを示せ．

問2　$X_1, X_2, \ldots, X_n$ をパラメータ λ のポアソン分布からの大きさ n のランダム標本とすると，$S = \sum_{i=1}^{n} X_i$ は λ の完備統計量であることを示せ．

5.3 指数型分布族

$\boldsymbol{\Theta} \subset \boldsymbol{R}$ とし，確率関数，または確率密度関数 $f(x; \theta)$ が存在し，

$$f(x; \theta) = h(x) \exp[c(\theta)T(x) + d(\theta)]$$

の形をしているとき，分布族 $\mathscr{F} = \{f(x; \theta); \theta \in \Theta\}$ を **1 パラメータの指数型分布族**（one-parameter exponential family）という．ここで，$c(\theta), d(\theta)$ は Θ 上の実関数で，$T(x), h(x)$ は $\boldsymbol{R}$ 上の実関数，

また，$\boldsymbol{\Theta} \subset \boldsymbol{R}^k$ で $\boldsymbol{\theta} = (\theta_1, \theta_2, \ldots, \theta_k)$ とし，確率関数，または確率密度関数 $f(x, \theta)$ が次の形をしているとき，

$$f(x; \boldsymbol{\theta}) = f(x; \theta_1, \ldots, \theta_k) = h(x) \exp[\sum_{i=1}^{k} c_i(\boldsymbol{\theta}) T_i(x) + d(\boldsymbol{\theta})]$$

分布族 $\mathscr{F} = \{f(x; \theta); \theta \in \Theta\}$ を $\boldsymbol{k}$ **パラメータの指数型分布族**（k-parameter exponential family）という．

例 5.2

パラメータ μ,σ^2 の正規分布は2パラメータ指数型分布族であることを示せ．

答

パラメータ μ,σ^2 の正規分布は,$\infty < \mu < \infty$, 確率密度関数は

$$\begin{aligned} f(x; \mu, \sigma^2) &= \frac{1}{\sigma\sqrt{2}\pi} \exp\left[-\frac{(x-\mu)^2}{2\sigma^2}\right] \\ &= \exp\left[\frac{\mu}{\sigma^2}x - \frac{x^2}{2\sigma^2} - \frac{1}{2}\left(\frac{\mu^2}{\sigma^2} + \log(2\pi\sigma^2)\right)\right] \end{aligned}$$

と書ける．したがって

$$c_1(\mu, \sigma^2) = \frac{\mu}{\sigma^2},\ T_1(x) = x,\ c_2(\mu, \sigma^2) = -\frac{1}{2\sigma^2},\ T_2(x) = x^2,$$
$$d(\mu, \sigma^2) = -\frac{1}{2}\left(\frac{\mu^2}{\sigma^2} + \log(2\pi\sigma^2)\right),\ h(x) = 1$$

とおけるので, これは2パラメータ指数型分布族である．

問3　パラメータ p の幾何分布は1パラメータの指数型分布族に属することを示せ. ただし, p は未知とする．

問4　パラメータ α, β のガンマ分布は2パラメータの指数型分布族に属することを示せ. ただし, α, β は共に未知とする．

5.4　点推定 (point estimation)

$\boldsymbol{X} = (X_1, X_2, \ldots, X_n)$ を統計モデル $\mathcal{P} = \{P_\theta : \theta \in \Theta \subset \boldsymbol{R}\}$ からのランダム標本とし，推定量 $T(\boldsymbol{X})$ を用いてパラメータ θ を推定することを考えていく．

5.4.1　平均二乗誤差

パラメータ θ の推定量 $T(\boldsymbol{X})$ の**平均二乗誤差**（mean squared error, M.S.E.）は以下で定義される.

$$\begin{aligned}\mathrm{MSE}(T(\boldsymbol{X}),\theta) &= \mathrm{E}_\theta[(T(\boldsymbol{X})-\theta)^2] \\ &= \mathrm{Var}_\theta(T(\boldsymbol{X})) + [\mathrm{E}_\theta(T(\boldsymbol{X}))-\theta]^2\end{aligned}$$

ここで E_θ および Var_θ は，パラメータが θ のときの分布においての期待値と分散である.

5.4.2　一様最良推定量

ある推定量 T が他のどの推定量 T' についても，すべての $\theta \in \Theta$ において $\mathrm{MSE}(T,\theta) \leq \mathrm{MSE}(T',\theta)$ が成り立ち，ある θ において不等号が成り立つとき，T は**一様最良推定量** (uniformly best estimator) であるという.

5.4.3　不偏性

すべての $\theta \in \Theta$ で

$$\mathrm{E}_\theta[T(\boldsymbol{X})] = \theta$$

となる推定量 $T(\boldsymbol{X})$ を，θ の**不偏推定量** (unbiased estimator) という.

例 5.3

$\boldsymbol{X} = (X_1, X_2, \ldots, X_n)$ を期待値 $\mu(<\infty)$ と分散 $\sigma^2(<\infty)$ をもつ分布からのランダム標本とする.

(i) $T(\boldsymbol{X}) = \dfrac{X_1+X_2}{2}$ が，μ の不偏推定量であることを示せ．また，その M.S.E. は $\sigma^2/2$ であることを示せ.

(ii) $S(\boldsymbol{X}) = \displaystyle\sum_{i=1}^{n} c_i X_i$ で，$\displaystyle\sum_{i=1}^{n} c_i = 1$ ならば，$S(\boldsymbol{X})$ は μ の不偏推定量であることを示し，その M.S.E. は，$\sigma^2 \displaystyle\sum_{i=1}^{n} c_i^2$ であり，M.S.E. を最小にするには，$c_i = \dfrac{1}{n}$, $i = 1, 2, \ldots, n$ であることを示せ.

答

(i) T の期待値は

$$\mathrm{E}(T) = \frac{1}{2}\{\mathrm{E}(X_1) + \mathrm{E}(X_2)\} = \mu$$

より，T は μ の不偏推定量である．また，その M.S.E. は

$$\begin{aligned}\mathrm{MSE}(T,\mu) &= \mathrm{Var}(T) + [\mathrm{E}(T)-\mu]^2 \\ &= \frac{1}{4}\{\mathrm{Var}(X_1)+\mathrm{Var}(X_2)\} + 0 \\ &= \frac{\sigma^2}{2}\end{aligned}$$

(ii) S の期待値は

$$\mathrm{E}(S) = \sum_i c_i \mathrm{E}(X_i) = \mu \sum_i c_i = \mu$$

より，S は μ の不偏推定量である．また，その M.S.E. は

$$\begin{aligned}\mathrm{MSE}(S,\mu) &= \mathrm{Var}(S) + [\mathrm{E}(S)-\mu]^2 \\ &= \mathrm{Var}\left(\sum_i c_i X_i\right) + 0 \\ &= \sum_i c_i^2 \mathrm{Var}(X_i) \\ &= n\sigma^2 \sum_i c_i^2\end{aligned}$$

ここで，$\sum_i c_i = 1$ の制約の下で M.S.E. を最小にする $c_1, \ldots, c_n$ を求める．ラグランジュの未定乗数法より

$$\frac{\partial}{\partial c_j}\left\{n\sigma^2 \sum_i c_i^2 - \lambda\left(\sum_i c_i - 1\right)\right\} = 2n\sigma^2 c_j - \lambda, \quad j = 1, \ldots, n$$

について $(= 0)$ として方程式を解くと

$$c_j = \frac{\lambda}{2n\sigma^2}, \quad j = 1, \ldots, n$$

が得られる．$\sum_i c_i = 1$ より

$$\sum_i \frac{\lambda}{2n\sigma^2} = 1$$

$$\lambda = 2\sigma^2$$

したがって，M.S.E. を最小にする c_j は

$$c_j = \frac{1}{2n\sigma^2} 2\sigma^2 = \frac{1}{n}, \quad j = 1, \ldots, n$$

となる．

例 5.4

$\boldsymbol{X} = (X_1, X_2, \ldots, X_n)$ を $\mathrm{E}(X^k) < \infty$ である分布からのランダム標本とする．$T(\boldsymbol{X}) = \dfrac{\sum_{i=1}^n X_i^k}{n}$ は $\mathrm{E}(X^k)$ の不偏推定量であることを示せ．また，$[\mathrm{E}(X)]^2$ の不偏推定量は $\displaystyle\sum_{i=1}^n X_i^2/n - \sum_{i=1}^n (X_i - \overline{X})/(n-1)$ であることを示せ．

$T = T(\boldsymbol{X})$ とする．T の期待値は

$$\mathrm{E}(T) = \frac{1}{n}\sum_i \mathrm{E}(X_i^k) = \mathrm{E}(X^k)$$

より，T は $\mathrm{E}(X^k)$ の不偏推定量である．また，

$$\begin{aligned}
&\mathrm{E}\left\{\frac{1}{n}\sum_i X_i^2 - \frac{1}{n-1}\sum_i \left(X_i - \overline{X}\right)^2\right\} \\
&= \frac{1}{n}\sum_i \mathrm{E}(X_i^2) - \frac{1}{n-1}\sum_i \left\{\mathrm{E}(X_i^2) - 2\mathrm{E}(X_i\overline{X}) + \mathrm{E}(\overline{X}^2)\right\} \\
&= \frac{1}{n}\sum_i \mathrm{E}(X_i^2) - \frac{1}{n-1}\sum_i \mathrm{E}(X_i^2) + \frac{2}{n-1}\sum_i \mathrm{E}\left(X_i \frac{1}{n}\sum_j X_j\right) \\
&\qquad - \frac{n}{n-1}\mathrm{E}\left\{\frac{1}{n^2}\left(\sum_i X_i\right)^2\right\}
\end{aligned}$$

ここで，

$$\frac{2}{n-1}\sum_i \mathrm{E}\left(X_i \frac{1}{n}\sum_j X_j\right) = \frac{2}{n(n-1)}\left\{\sum_i \mathrm{E}(X_i^2) + \sum_i \sum_{j\neq i} \mathrm{E}(X_i)\mathrm{E}(X_j)\right\}$$

$$\frac{n}{n-1}\mathrm{E}\left\{\frac{1}{n^2}\left(\sum_i X_i\right)^2\right\} = \frac{1}{n(n-1)}\left\{\sum_i \mathrm{E}(X_i^2) + \sum_i \sum_{j\neq i} \mathrm{E}(X_i)\mathrm{E}(X_j)\right\}$$

$\sum_i \sum_{j\neq i}$ の項数は $n(n-1)$ であるため，

$$\begin{aligned}
&\mathrm{E}\left\{\frac{1}{n}\sum_i X_i^2 - \frac{1}{n-1}\sum_i \left(X_i - \overline{X}\right)^2\right\} \\
&= \mathrm{E}(X^2) - \frac{n}{n-1}\mathrm{E}(X^2) + \frac{2}{n-1}\mathrm{E}(X^2) + 2\mathrm{E}(X)^2 - \frac{1}{n-1}\mathrm{E}(X^2) - \mathrm{E}(X)^2
\end{aligned}$$

$= \mathrm{E}(X)^2$

したがって，$\sum_{i=1}^{n} X_i^2/n - \sum_{i=1}^{n}(X_i - \overline{X})/(n-1)$ は $[\mathrm{E}(X)]^2$ の不偏推定量である．

例 5.5

X が，未知のパラメータ λ のポアソン分布に従うとき，$T(X) = 2^X$ が e^λ の不偏推定量であることを示せ．

答

$T = T(\boldsymbol{X})$ とする．T の期待値は

$$\mathrm{E}(T) = \mathrm{E}\left(2^X\right) = \sum_{x=0}^{\infty} 2^x \frac{e^{-\lambda}\lambda^x}{x!} = e^\lambda \sum_{x=0}^{\infty} \frac{e^{-2\lambda}(2\lambda)^x}{x!} = e^\lambda$$

ただし，$\sum_{x=0}^{\infty} \dfrac{e^{-2\lambda}(2\lambda)^x}{x!}$ は，パラメータ 2λ のポアソン分布の確率関数の総和より1である．したがって，T は e^λ の不偏推定量である．

問5　X が未知のパラメータ $p(0 < p < 1)$ の幾何分布に従うとき，$T(0) = 1$，$T(x) = 0$，$x > 0$ なる推定量 T は，p の不偏推定量であることを示せ．

問6　$\boldsymbol{X} = (X_1, X_2, \ldots, X_n)$ を区間 $(0, \theta)$ の一様分布からのランダム標本とする $(\theta > 0)$．$2\overline{X} = \dfrac{2}{n}\sum_{i=1}^{n} X_i$ が θ の不偏推定量であることを示し，そのM.S.E.を求めよ．

問7　$\boldsymbol{X} = (X_1, X_2, \ldots, X_n)$ を区間 $(0, \theta)$ の一様分布からのランダム標本とする $(\theta > 0)$．$X_{(n)} = \max(X_1, X_2, \ldots, X_n)$ の分布は，次の確率密度関数で与えられる．

$$f(x) = \begin{cases} \dfrac{nx^{n-1}}{\theta^n} & 0 < x < \theta \\ 0 & \text{その他の場合} \end{cases}$$

$T(\boldsymbol{X}) = \dfrac{n+1}{n} X_{(n)}$ が，θ の不偏推定量であることを示し，そのM.S.E.を求めよ．

問8 $\boldsymbol{X} = (X_1, X_2, \ldots, X_n)$ を期待値 $\mu(< \infty)$ と分散 $\sigma^2(<\infty)$ をもつ正規分布からのランダム標本とする．S^2 を標本分散とすると，S は σ の不偏推定量ではなく，その偏りは $\sigma\left[\sqrt{\frac{n}{2}}\frac{\Gamma(n/2)}{\Gamma((n-1)/2)} - 1\right]$ であることを示せ．また，μ が既知の場合は，$T(\boldsymbol{X}) = \sqrt{\frac{\pi}{2}}\sum_{i=1}^{n}\frac{|X_i - \mu|}{n}$ は σ の不偏推定量であることを示せ．

5.5 最小分散不偏推定量

5.5.1 一様最小分散不偏推定量

パラメータ θ の推定量が以下の性質を満たすとき，T を θ の一様最小分散不偏推定量 (uniformly minimum variance unbiased estimator, UMVUE) と呼ぶ．

(i) すべての θ で，$\mathrm{E}_\theta(T) = \theta$.

(ii) すべての θ で，θ の他のどの不偏推定量 T' に対しても
$\mathrm{Var}_\theta(T) \leq \mathrm{Var}_\theta(T')$.

5.5.2 レーマン・シェフェの定理 (Lehmann-Scheffé theorem)

$S(\boldsymbol{X})$ を完備十分統計量とし，$T(\boldsymbol{X})$ を θ の不偏推定量とする．このとき $T^*(S) = \mathrm{E}[T(\boldsymbol{X})|S(\boldsymbol{X})]$ は，θ の唯一の UMVUE である．

5.5.3 クラメール・ラオの不等式 (Cramér-Rao inequality)

パラメータ空間 Θ を $\boldsymbol{R}$ の閉区間とし，$f(\boldsymbol{x};\theta)$ を $\boldsymbol{X} = (X_1, \ldots, X_n)$ の結合確率関数，または結合確率密度関数とし，以下を満たすとする．

(I) $A = \{\boldsymbol{x}; f(\boldsymbol{x};\theta) > 0\}$ が，θ に依存しない．

(II) すべての $\boldsymbol{x} \in A$，$\theta \in \Theta$ で，$\frac{\partial}{\partial\theta}\log f(\boldsymbol{x};\theta)$ が存在し，有限である．

(III) $T(\boldsymbol{X})$ を，すべての $\theta \in \Theta$ で，$\mathrm{E}_\theta(|T(X)|) < \infty$ である統計量とすると，$\frac{\partial}{\partial\theta}\int_{-\infty}^{\infty}\cdots\int_{-\infty}^{\infty} T(\boldsymbol{x})f(\boldsymbol{x};\theta)d\boldsymbol{x} = \int_{-\infty}^{\infty}\cdots\int_{-\infty}^{\infty} T(\boldsymbol{x})\frac{\partial}{\partial\theta}f(\boldsymbol{x};\theta)d\boldsymbol{x}$，または，$\frac{\partial}{\partial\theta}\sum_x T(\boldsymbol{x})f(\boldsymbol{x};\theta) = \sum_x T(\boldsymbol{x})\frac{\partial}{\partial\theta}f(\boldsymbol{x};\theta)$ が，すべて $\theta \in \Theta$ で成り立つ．

このとき，$T(\boldsymbol{X})$ が $g(\theta)$ の不偏推定量で，すべての $\theta \in \Theta$ で $\mathrm{Var}_\theta(T) < \infty$ のとき

$$\mathrm{Var}_\theta[T(\boldsymbol{X})] \geq \frac{\left[\frac{\partial}{\partial\theta}g(\theta)\right]^2}{I_n(\theta)}$$

が成り立つ．ここで $I_n(\theta) = \mathrm{E}_\theta\left[\left(\dfrac{\partial}{\partial\theta}\log f(\boldsymbol{X};\theta)\right)^2\right]$ はフィッシャー情報量 (Fisher information) であり，$0 < I_n(\theta) < \infty$ であるとする．

また，等号成立は，$T(\boldsymbol{X}) - g(\theta) = K(\theta)\dfrac{\partial}{\partial\theta}\log f(\boldsymbol{X};\theta)$ となるような $K(\theta)$ $(\neq 0)$ が存在することである．

5.5.4　ランダム標本における不偏推定量の分散の下限

$\boldsymbol{X} = (X_1,\ldots,X_n)$ を確率関数，または確率密度関数 $f(x;\theta)$ をもつ分布からのランダム標本とし，クラメール・ラオの不等式の仮定 (I)-(III) を満足させているとする．このとき，$T(\boldsymbol{X})$ が $g(\theta)$ の不偏推定量で，すべての $\theta \in \Theta$ で $\mathrm{Var}_\theta(T) < \infty$ のとき

$$\mathrm{Var}_\theta[T(\boldsymbol{X})] \geq \frac{\left[\frac{\partial}{\partial\theta}g(\theta)\right]^2}{nI_1(\theta)}$$

が成り立つ．ここで $I_1(\theta) = \mathrm{E}_\theta\left[\left(\dfrac{\partial}{\partial\theta}\log f(X_1;\theta)\right)^2\right]$ であり，$0 < I_1(\theta) < \infty$ であるとする．

5.5.5　効率

$\boldsymbol{X} = (X_1,\ldots,X_n)$ を確率関数，または確率密度関数 $f(x;\theta)$ をもつ分布からのランダム標本とし，クラメール・ラオの不等式の仮定 (I)-(III) を満足させているとする．このとき，$T(\boldsymbol{X})$ が θ の不偏推定量で，すべての $\theta \in \Theta$ で $\mathrm{Var}_\theta(T) < \infty$ のとき

$$\mathrm{eff}_\theta(T) = \frac{1/I_n(\theta)}{\mathrm{Var}_\theta(T)} = \frac{1}{I_n(\theta)\mathrm{Var}_\theta(T)}$$

を不偏推定量 $T(\boldsymbol{X})$ の効率 (efficiency) と呼ぶ．特に，$\mathrm{eff}_\theta(T) = 1$ となる不偏推定量 T を有効推定量 (efficient estimator) と呼ぶ．また，$\{T_n(\boldsymbol{X})\}$ を θ の推定量の列としたとき

$$\mathrm{aeff}_\theta(T) = \lim_{n\to\infty}\mathrm{eff}_\theta(T_n) = \lim_{n\to\infty}\frac{1}{I_n(\theta)\mathrm{Var}_\theta(T_n)}$$

を T_n の漸近効率 (asymptotic efficiency) という．

 5.6

$\boldsymbol{X} = (X_1, X_2, \ldots, X_n)$ を未知のパラメータ β の指数分布からのランダム標本とすると，$\overline{X}$ は $\dfrac{1}{\beta}$ の UMVUE であり，$\mathrm{Var}(\overline{X}) = \dfrac{1}{n\beta^2}$ を示せ．また，$\overline{X}$ は $\dfrac{1}{\beta}$ の有効推定量であることを示せ．

答

$\overline{X}$ の期待値は

$$\mathrm{E}(\overline{X}) = \frac{1}{n}\sum_i \mathrm{E}(X_i) = \frac{1}{\beta}$$

より，$\overline{X}$ は $\frac{1}{\beta}$ の不偏推定量である．また，分散は

$$\mathrm{Var}(\overline{X}) = \frac{1}{n^2}\sum_i \mathrm{Var}(X_i) = \frac{1}{n\beta^2}$$

である．ここで，X はパラメータ β の指数分布に従うことから，X^2 の期待値は

$$\mathrm{E}(X^2) = \mathrm{Var}(X) + \mathrm{E}(X)^2 = \frac{1}{\beta^2} + \frac{1}{\beta} = \frac{2}{\beta}$$

であり，フィッシャー情報量は以下で与えられる．

$$\begin{aligned}
I_n(\beta) &= n\mathrm{E}\left[\left\{\frac{\partial}{\partial\beta}\log(\beta e^{-\beta X})\right\}^2\right] \\
&= n\mathrm{E}\left[\left(\frac{\partial}{\partial\beta}\log\{\exp(-\beta X + \log\beta)\}\right)^2\right] \\
&= n\mathrm{E}\left[(-X + \frac{1}{\beta})^2\right] \\
&= n\mathrm{E}(X^2) - \frac{2n}{\beta}\mathrm{E}(X) + \frac{n}{\beta^2} \\
&= \frac{n}{\beta^2}
\end{aligned}$$

したがって，$\frac{1}{\beta}$ のクラメール・ラオの下限は

$$\frac{\left(\dfrac{d}{d\beta}\dfrac{1}{\beta}\right)^2}{I_n(\beta)} = \frac{1/\beta^4}{n/\beta^2} = \frac{1}{n\beta^2} = \mathrm{Var}(\overline{X})$$

であるため，$\overline{X}$ は $\frac{1}{\beta}$ の UMVUE であり，$\mathrm{eff}(\overline{X}) = 1$ より有効推定量である．

例 5.7

$\boldsymbol{X} = (X_1, X_2, \ldots, X_n)$ を未知のパラメータ β の指数分布からのランダム標本とすると，$\dfrac{(n-1)}{\sum_{i=1}^n X_i}$，$(n > 1)$ は β の UMVUE であり，$\mathrm{Var}\left(\dfrac{n-1}{\sum_{i=1}^n X_i}\right) = \dfrac{\beta^2}{n-2}$，$(n > 2)$ を示せ．また，それは有効推定量でないことを示せ．

答

$Y = \sum_i X_i$ とすると，Y はパラメータ n，β のガンマ分布に従う．ここで $T = \frac{1}{Y}$ の確率変数変換を考える．$0 < y < \infty$ に対応する t の領域は $0 < t < \infty$ であり，$\frac{1}{y}$ は $(0, \infty)$ において単調減少であるため，その確率密度関数は

$$
\begin{aligned}
f_T(t) &= f_Y\left(\frac{1}{t}\right)\left|\frac{d}{dt}\frac{1}{t}\right| \\
&= \frac{\beta^n}{\Gamma(n)}\left(\frac{1}{t}\right)^{n+1}\exp\left(-\frac{\beta}{t}\right), \quad 0 < t < \infty.
\end{aligned}
$$

したがって，期待値は

$$
\mathrm{E}(T) = \int_0^\infty t\frac{\beta^n}{\Gamma(n)}\left(\frac{1}{t}\right)^{n+1}\exp\left(-\frac{\beta}{t}\right)dt.
$$

$u = \frac{1}{t}$ の置換変換を考えると，$\frac{dt}{du} = -\frac{1}{t^2}$ より

$$
\begin{aligned}
\mathrm{E}(T) &= \frac{\beta^n}{\Gamma(n)}\int_0^\infty u^{(n-1)-1}\exp(-\beta u)du \\
&= \frac{\beta^n}{\Gamma(n)}\frac{\Gamma(n-1)}{\beta^{n-1}} \\
&= \frac{\beta}{n-1}
\end{aligned}
$$

ここで，$\int_0^\infty x^{\alpha-1}\exp(-\beta x)dx = \frac{\Gamma(\alpha)}{\beta^\alpha}$ および，$\Gamma(n) = n\Gamma(n-1)$ を用いている．したがって

$$
\mathrm{E}\left(\frac{(n-1)}{\sum_{i=1}^n X_i}\right) = (n-1)\mathrm{E}(T) = \beta
$$

より，$\dfrac{(n-1)}{\sum_{i=1}^n X_i}$ は β の不偏推定量である．ここで X_i の確率関数は

$$
f_X(x) = \exp(-\beta x + \log\beta)
$$

であるため1パラメータの指数型分布族であり，$Y = \sum_i X_i$ は β の完備十分統計量となる．したがって，$\dfrac{(n-1)}{\sum_{i=1}^n X_i}$ は Y の関数であるため，レーマン・シェフェの定理から β の唯一の UMVUE となる．

また例5.6より，フィッシャー情報量は $I_n(\beta) = \frac{n}{\beta^2}$ であるため，β のクラメール・ラオの下限は

$$\frac{1}{I_n(\beta)} = \frac{\beta^2}{n}.$$

一方，T の期待値と同様の計算により

$$\begin{aligned}
\mathrm{E}(T^2) &= \int_0^\infty \frac{\beta^n}{\Gamma(n)} \left(\frac{1}{t}\right)^{n-1} \exp\left(-\frac{\beta}{t}\right) dt \\
&= \frac{\beta^n}{\Gamma(n)} \int_0^\infty u^{(n-2)-1} \exp(-\beta u) du \\
&= \frac{\beta^n}{\Gamma(n)} \frac{\Gamma(n-2)}{\beta^{n-2}} \\
&= \frac{\beta^2}{(n-1)(n-2)}
\end{aligned}$$

であり，T の分散は

$$\begin{aligned}
\mathrm{Var}(T) &= \frac{\beta^2}{(n-1)(n-2)} - \left(\frac{\beta}{n-1}\right)^2 \\
&= \frac{\beta^2}{(n-1)^2(n-2)}
\end{aligned}$$

となる．したがって

$$\mathrm{Var}\left(\frac{n-1}{\sum_i X_i}\right) = (n-1)^2 \mathrm{Var}(T) = \frac{\beta^2}{n-2} \neq \frac{\beta^2}{n}$$

であり，$\frac{n-1}{\sum_i X_i}$ は β の有効推定量ではない．

例 5.8

$\boldsymbol{X} = (X_1, X_2, \ldots, X_m)$ を未知のパラメータ p $(0 < p < 1)$ の二項分布 (m は既知) からの大きさ m のランダム標本とすると，$\overline{X}$ は np の UMVUE であり，

$\mathrm{Var}(\overline{X}) = \dfrac{np(1-p)}{m}$ を示せ．また，$\overline{X}$ は np の有効推定量であることを示せ．

答

$\overline{X}$ の期待値と分散はそれぞれ

$$\mathrm{E}(\overline{X}) = \frac{1}{m}\sum_{i=1}^{m} np = np$$

$$\mathrm{Var}(\overline{X}) = \frac{1}{m^2}\sum_{i=1}^{m} np(1-p) = \frac{np(1-p)}{m}$$

である．またフィッシャー情報量は

$$\begin{aligned} I_m(p) &= m\mathrm{E}\left[\left(\frac{\partial}{\partial p}\log\left\{\binom{n}{X}p^X(1-p)^{n-X}\right\}\right)^2\right] \\ &= m\mathrm{E}\left[\left(\frac{X}{p} - \frac{n-X}{1-p}\right)^2\right] \\ &= \frac{m}{p^2(1-p)^2}\left\{\mathrm{E}(X^2) - 2np\mathrm{E}(X) + n^2p^2\right\} \\ &= \frac{mn}{p(1-p)}. \end{aligned}$$

したがって，np のクラメール・ラオの下限は

$$\frac{\left(\dfrac{\partial}{\partial p}np\right)^2}{I_m(p)} = \frac{np(1-p)}{m} = \mathrm{Var}(\overline{X})$$

より，$\overline{X}$ は np の UMVUE で有効推定量である．

問 9　$\boldsymbol{X} = (X_1, X_2, \ldots, X_n)$ を未知のパラメータ $p(0 < p < 1)$ の幾何分布からのランダム標本とし，$S = \sum_{i=1}^{n} X_i$ とすると，$T = \dfrac{(n+S)S}{(n+1)n}$ は分散の UMVUE であることを示せ．

問 10　$\boldsymbol{X} = (X_1, X_2, \ldots, X_n)$ を未知のパラメータ λ のポアソン分布からのランダム標本とすると，$e^{-\lambda}$ の UMVUE の分散は $e^{-2\lambda}(e^{\frac{\lambda}{n}} - 1)$ であることを示し，有効推定量でないことを示せ．

問11 $\boldsymbol{X} = (X_1, X_2, \ldots, X_n)$ を未知のパラメータ $p(0 < p < 1)$ のベルヌーイ分布からのランダム標本とすると，$\dfrac{p}{(1-p)}$ の UMVUE は存在しないことを示せ．

問12 $\boldsymbol{X} = (X_1, X_2, \ldots, X_n)$ を区間 $(0, \theta)$ の一様分布からのランダム標本とすると (θ は未知)，$2\overline{X}$ は θ の不偏推定量であることを示せ．また，$T = \max(X_1, X_2, \ldots, X_n)$ とし，$\dfrac{(n+1)T}{n}$ は，θ の UMVUE であることを示せ．

問13 $\boldsymbol{X} = (X_1, X_2, \ldots, X_n)$ を未知の平均 μ と既知の分散 σ^2 をもつ正規分布からのランダム標本とすると，$\overline{X}$ は μ の有効推定量であることを示せ．また $\overline{X}^2 - \dfrac{\sigma^2}{n}$ は，μ^2 の UMVUE であることを示せ．

問14 $\boldsymbol{X} = (X_1, X_2, \ldots, X_n)$ を既知の平均 μ と未知の分散 σ^2 をもつ正規分布からのランダム標本とすると，$K_{n,r}S^r$(ここで，$K_{n,r} = \dfrac{\Gamma\left(\dfrac{n}{2}\right)}{2^{\frac{r}{2}}\Gamma\left[\dfrac{(n+r)}{2}\right]}$，$S^r = \displaystyle\sum_{i=1}^{n}(X_i - \mu)^r$) は σ^r の UMVUE であることを示せ．

問15 $\boldsymbol{X} = (X_1, X_2, \ldots, X_n)$ を未知の平均 μ と未知の分散 σ^2 をもつ正規分布からのランダム標本とし，$\boldsymbol{Y} = (Y_1, Y_2, \ldots, Y_m)$ を未知の平均 ζ と未知の分散 τ^2 をもつ正規分布からのランダム標本とする．X と Y も互いに独立とする．$\overline{X} - \overline{Y}$ が，$\mu - \zeta$ の UMVUE であることを示せ．

問16 $\boldsymbol{X} = (X_1, X_2, \ldots, X_n)$ を未知のパラメータ β の指数分布からのランダム標本とすると，$I_{(x \leq a)}(X_1) = \begin{cases} 1 & X_1 \leq a \\ 0 & X_1 > a \end{cases}$ が，$P(X \leq a) = 1 - e^{-\beta a}$，($a$ は，ある定数) の不偏推定量であることを示せ．また

$$T(\boldsymbol{X}) = \begin{cases} 1 - \left(1 - \dfrac{a}{\sum_{i=1}^{n} X_i}\right)^{n-1} & \displaystyle\sum_{i=1}^{n} X_i \geq a \\ 0 & \displaystyle\sum_{i=1}^{n} X_i < a \end{cases}$$

は，UMVUE であることを示せ．

5.6 最尤推定量

ここでは，$\mathcal{P} = \{f(x;\theta) : \theta \in \Theta \subset \boldsymbol{R}^k\}$ をパラメトリックモデルとする．$f(x;\theta)$ は $\boldsymbol{X} = (X_1, X_2, \ldots, X_n)$ が離散型の場合は確率関数であり，連続型の場合は確率密度関数である．

5.6.1 尤度関数

与えられた観測値 $\boldsymbol{x} = (x_1, x_2, \ldots, x_n)$ について，結合確率関数または結合確率密度関数 $f(\boldsymbol{x};\theta)$ を θ の関数とみなしたものを**尤度関数** (likelihood function)$L(\theta;\boldsymbol{x}) = f(\boldsymbol{x};\theta)$ と呼ぶ．特に，$\boldsymbol{X} = (X_1, X_2, \ldots, X_n)$ がランダム標本の場合は，母集団分布の確率関数または確率密度関数 $f(x;\theta)$ を用いて，その尤度関数は

$$L(\theta;\boldsymbol{x}) = \prod_{i=1}^{n} f(x_i;\theta)$$

で与えられる．

5.6.2 最尤推定量

尤度関数を最大にする値 $\hat{\theta} = \hat{\theta}(\boldsymbol{x})$ を最尤推定値といい，

$$L(\hat{\theta};\boldsymbol{x}) = \sup\{L(\theta;\boldsymbol{x}) : \theta \in \Theta\} = \sup\{f(\boldsymbol{x};\theta) : \theta \in \Theta\}$$

$\hat{\theta} = \hat{\theta}(\boldsymbol{X})$ を θ の**最尤推定量**（maximum likelihood estimator, MLE）と呼ぶ．またパラメータを変換した $g(\theta)$ に関しては，$g(\hat{\theta})$ を $g(\theta)$ の最尤推定量という．

5.6.3 対数尤度関数と尤度方程式

尤度関数の対数をとった $\log L(\theta;\boldsymbol{x})$ を**対数尤度関数** (log likelihood function) という．

また $\theta = (\theta_1, \theta_2, \ldots, \theta_k) \in \Theta$，$\Theta$ は $\boldsymbol{R}^k$ の開集合で，それぞれの θ_i について $L(\theta;x)$ の一次偏導関数が存在するとき，最尤推定量 $\hat{\theta} = (\hat{\theta}_1, \hat{\theta}_2, \ldots, \hat{\theta}_k)$ は，次の**尤度方程式** (likelihood equations) を満足させる．

$$\frac{\partial}{\partial\theta_i} \log L(\hat{\theta};\boldsymbol{x}) = 0, \quad i = 1, \ldots, k$$

例 5.9

$\boldsymbol{X} = (X_1, X_2, \ldots, X_n)$ を未知の平均 μ，既知の分散 σ^2 の正規分布からのランダム標本とする．$\overline{X}$ は，μ の MLE であることを示せ．

対数尤度は

$$\log L(\mu; \boldsymbol{x}) = \log\left(\prod_i \frac{1}{\sqrt{2\pi\sigma^2}} \exp\left\{-\frac{(x_i-\mu)^2}{2\sigma^2}\right\}\right)$$
$$= \sum_i \left\{-\frac{1}{2}\log 2\pi - \frac{1}{2}\log\sigma^2 - \frac{(x_i-\mu)^2}{2\sigma^2}\right\}$$

となり，尤度方程式は

$$\frac{d}{d\mu}\log L(\mu; \boldsymbol{x}) = -\frac{1}{2\sigma^2}\sum_i(-2x_i + 2\mu) = \frac{1}{\sigma^2}(\sum_i x_i - n\mu) = 0.$$

その解は $\mu = \dfrac{1}{n}\sum_{i=1}^n x_i$ で与えられる．また，$\frac{d^2}{d\mu^2}\log L(\mu; \boldsymbol{x}) = -\frac{n}{\sigma^2} < 0$ より，$\mu = \dfrac{1}{n}\sum_{i=1}^n x_i$ において対数尤度は最大値をとることが分かる．したがって，$\hat{\mu} = \frac{1}{n}\sum_{i=1}^n X_i = \overline{X}$ は μ の MLE である．

例 5.10

$\boldsymbol{X} = (X_1, X_2, \ldots, X_n)$ を既知の平均 μ，未知の分散 σ^2 の正規分布からのランダム標本とする．$T(\boldsymbol{X}) = \dfrac{1}{n}\sum_{i=1}^n (X_i - \mu)^2$ は，σ^2 の MLE であることを示せ．またこのとき，σ の MLE を求めよ．

対数尤度は

$$\log L(\sigma^2; \boldsymbol{x}) = \sum_{i=1}^n \left\{-\frac{1}{2}\log 2\pi - \frac{1}{2}\log\sigma^2 - \frac{(x_i-\mu)^2}{2\sigma^2}\right\}$$

となり，尤度方程式は

$$\frac{d}{d\sigma^2}\log L(\sigma; \boldsymbol{x}) = \sum_{i=1}^n \left\{-\frac{1}{2\sigma^2} - \frac{-(x_i-\mu)^2}{2\sigma^4}\right\} = \frac{1}{2\sigma^4}\sum_{i=1}^n \left\{(x_i-\mu)^2 - \sigma^2\right\}$$

$$= 0.$$

その解は $\sigma^2 = \dfrac{1}{n}\sum_{i=1}^{n}(x_i-\mu)^2$ で与えられる．また

$$\begin{aligned}\frac{d^2}{d\sigma^4}\log L(\sigma^2;\boldsymbol{x}) &= \frac{1}{4\sigma^8}\sum_{i=1}^{n}\left(-2\sigma^4-\{(x_i-\mu)^2-\sigma^2\}\cdot 4\sigma^2\right)\\ &= \frac{1}{4\sigma^8}\sum_{i=1}^{n}\left\{2\sigma^4-4\sigma^2(x_i-\mu)^2\right\}\end{aligned}$$

であり，$\sigma^2 = \frac{1}{n}\sum_{i=1}^{n}(x_i-\mu)^2$ に関して

$$\sum_{i=1}^{n}\left\{2\sigma^4-4\sigma^2(x_i-\mu)^2\right\} = -\frac{2}{n}\left\{\sum_{i=1}^{n}(x_i-\mu)^2\right\}^2 < 0$$

であるため，$\frac{d^2}{d\sigma^4}\log L(\sigma^2;\boldsymbol{x}) < 0$ より，$\sigma^2 = \dfrac{1}{n}\sum_{i=1}^{n}(x_i-\mu)^2$ において対数尤度は最大値をとることが分かる．したがって，$\hat{\sigma}^2 = \dfrac{1}{n}\sum_{i=1}^{n}(X_i-\mu)^2$ は σ^2 の MLE である．

また，$\hat{\sigma} = \sqrt{\dfrac{1}{n}\sum_{i=1}^{n}(X_i-\mu)^2}$ は σ の MLE である．

例 5.11

$\boldsymbol{X} = (X_1, X_2, \ldots, X_n)$ を未知のパラメータ λ のポアソン分布からのランダム標本とする．$\overline{X}$ は，λ の MLE であることを示せ．

答

対数尤度は

$$\log L(\lambda;\boldsymbol{x}) = \log\left(\prod_{i=1}^{n}\frac{e^{-\lambda}\lambda^{x_i}}{x_i!}\right) = -n\lambda + \sum_{i=1}^{n}x_i\log\lambda - \sum_{i=1}^{n}\log x_i!$$

となり，尤度方程式は

$$\frac{d}{d\lambda}\log L(\lambda;\boldsymbol{x}) = -n + \frac{1}{\lambda}\sum_{i=1}^{n}x_i = 0$$

その解は $\lambda = \dfrac{1}{n}\sum_{i=1}^{n}x_i$ で与えられる．また，$\frac{d^2}{d\lambda^2}\log L(\lambda;\boldsymbol{x}) = -\frac{\sum_{i=1}^{n}x_i}{\lambda^2} \leq 0$ よ

り，$\lambda = \dfrac{1}{n}\sum_{i=1}^{n} x_i$ において対数尤度は最大値をとることが分かる．したがって，$\hat{\lambda} = \frac{1}{n}\sum_{i=1}^{n} X_i = \overline{X}$ は λ の MLE である．

例 5.12

$\boldsymbol{X} = (X_1, X_2, \ldots, X_n)$ を未知の平均 μ_1，未知の分散 σ^2 の正規分布からのランダム標本とし，$\boldsymbol{Y} = (Y_1, Y_2, \ldots, Y_m)$ を未知の平均 μ_2，未知の分散 σ^2 の正規分布からのランダム標本とし，$\boldsymbol{X}$ と $\boldsymbol{Y}$ は独立とすると，μ_1，μ_2，σ^2 の MLE は次の式になることを示せ．

$$\hat{\mu}_1 = \overline{X}, \quad \hat{\mu}_2 = \overline{Y}, \quad \hat{\sigma}^2 = \frac{1}{n+m}\left[\sum_{i=1}^{n}(X_i - \overline{X})^2 + \sum_{j=1}^{m}(Y_j - \overline{Y})^2\right]$$

答

対数尤度は

$$\begin{aligned}\log L(\mu_1, \mu_2, \sigma^2; \boldsymbol{x}) = &\sum_{i=1}^{n}\left\{-\frac{1}{2}\log 2\pi - \frac{1}{2}\log\sigma^2 - \frac{(x_i - \mu_1)^2}{2\sigma^2}\right\} \\ &+ \sum_{j=1}^{m}\left\{-\frac{1}{2}\log 2\pi - \frac{1}{2}\log\sigma^2 - \frac{(y_j - \mu_2)^2}{2\sigma^2}\right\}\end{aligned}$$

となり，尤度方程式は

$$\begin{aligned}\frac{\partial}{\partial\mu_1}\log L(\mu_1, \mu_2, \sigma^2; \boldsymbol{x}) &= \frac{1}{\sigma^2}\left(\sum_{i=1}^{n} x_i - n\mu_1\right) = 0 \\ \frac{\partial}{\partial\mu_2}\log L(\mu_1, \mu_2, \sigma^2; \boldsymbol{x}) &= \frac{1}{\sigma^2}\left(\sum_{j=1}^{m} y_j - m\mu_2\right) = 0 \\ \frac{\partial}{\partial\sigma^2}\log L(\mu_1, \mu_2, \sigma^2; \boldsymbol{x}) &= \frac{1}{2\sigma^4}\left(\sum_{i=1}^{n}\left\{(x_i - \mu_1)^2 - \sigma^2\right\}\right. \\ &\qquad\left. + \sum_{j=1}^{m}\left\{(y_j - \mu_2)^2 - \sigma^2\right\}\right) = 0.\end{aligned}$$

その解はそれぞれ

$$\mu_1 = \frac{1}{n}\sum_{i=1}^{n} x_i = \overline{x}, \quad \mu_2 = \frac{1}{m}\sum_{j=1}^{m} y_j = \overline{y}$$

$$\sigma^2 = \frac{1}{n+m}\{\sum_{i=1}^{n}(x_i - \mu_1)^2 + \sum_{j=1}^{m}(y_j - \mu_2)^2\}$$

で与えられる．ここで

$$\sum_{i=1}^{n}(x_i - \mu_1)^2 > \sum_{i=1}^{n}(x_i - \overline{x})^2, \quad \mu_1 \neq \overline{x}$$
$$\sum_{j=1}^{m}(y_j - \mu_2)^2 > \sum_{j=1}^{m}(y_j - \overline{y})^2, \quad \mu_2 \neq \overline{y}$$

が成り立つため，任意の σ^2 に対して，$\mu_1 = \overline{x}$, $\mu_2 = \overline{y}$ のときに対数尤度は最大となる．これらの値を対数尤度へ代入することで，σ^2 についてのみの最大化問題となり，例5.10と同様の議論から，$\sigma^2 = \frac{1}{n+m}\{\sum_{i=1}^{n}(x_i - \overline{x})^2 + \sum_{j=1}^{m}(y_j - \overline{y})^2\}$ において対数尤度は最大となることが分かる．

したがって，$\hat{\mu}_1 = \overline{X}$, $\hat{\mu}_2 = \overline{Y}$, $\hat{\sigma}^2 = \dfrac{1}{n+m}\left[\sum_{i=1}^{n}(X_i - \overline{X})^2 + \sum_{j=1}^{m}(Y_j - \overline{Y})^2\right]$ はそれぞれ，μ_1，μ_2，σ^2 の MLE である．

問17　$\boldsymbol{X} = (X_1, X_2, \ldots, X_n)$ を未知のパラメータ β の指数分布からのランダム標本とする．β およびメジアンの MLE を求めよ．

問18　$\boldsymbol{X} = (X_1, X_2, \ldots, X_n)$ を未知の平均 μ，未知の分散 σ^2 の正規分布からのランダム標本とする．100α パーセンタイル q_α($P(X \leq q_\alpha) = \alpha$ となる点) の MLE を求めよ．また，母集団分布の二次積率 $E(X_1^2)$ の MLE を求めよ．ただし，$P(Z \leq k_\alpha) = \alpha$，$Z \sim N(0,1)$.

問19　$\boldsymbol{X} = (X_1, X_2, \ldots, X_n)$ を区間 $[\alpha, \beta]$ の一様分布からのランダム標本とする．α，β の MLE を求めよ．また母集団分布の平均と分散の MLE をそれぞれ求めよ．

問20　$\boldsymbol{X} = (X_1, X_2, \ldots, X_n)$ を未知のパラメータ p $(0 < p < 1)$ の幾何分布からのランダム標本としたとき，p の MLE を求めよ．また，このときの母集団の平均と分散の MLE をそれぞれ求めよ．

問21　$\boldsymbol{X} = (X_1, X_2, \ldots, X_n)$ を既知のパラメータ α と未知のパラメータ β のガンマ分布からのランダム標本とすると，β の MLE を求めよ．

問22 $\boldsymbol{X} = (X_1, X_2, \ldots, X_n)$ を次の確率密度関数をもつ分布からのランダム標本とする．

$$f(x;\theta) = \begin{cases} \theta e^{-\theta(x-\mu)} & x > \mu > 0 \\ 0 & \text{その他} \end{cases}$$

μ が既知のとき，θ の MLE を求めよ．

問23 $(X_1, Y_1), \ldots, (X_n, Y_n)$ を未知のパラメータ $(\mu_1, \mu_2, \sigma_1^2, \sigma_2^2, \rho)$ の二変量正規分布からのランダム標本としたとき，$(\mu_1, \mu_2, \sigma_1^2, \sigma_2^2, \rho)$ の MLE を求めよ．

5.6.4 一致性

推定量列 $\{T_n\}$ が，すべての $\epsilon > 0$ とすべての $\theta \in \Theta$ で

$$\lim_{n\to\infty} P(|T_n - \theta| \geq \epsilon) = 0$$

を満たすとき，すなわち $T_n \xrightarrow{P} \theta$ ならば，T_n は θ の**一致推定量** (consistent estimator) という．

5.6.5 尤度方程式と一致推定量

パラメータ空間 Θ は $\boldsymbol{R}^k$ の開集合で，確率関数または確率密度関数 $f(x;\theta)$ は，θ について導関数が存在するとする．また $A = \{x \in \boldsymbol{R}; f(x;\theta) > 0\}$ は θ に依存しないとする．$X_1, \ldots, X_n$ が統計モデル $\{f(x;\theta); \theta \in \Theta)\}$ からのランダム標本とすると，尤度方程式は一致推定量である解をもつ．

問24 $\boldsymbol{X} = (X_1, X_2, \ldots, X_n)$ を区間 $[0, \theta]$ の一様分布からのランダム標本とする．$\theta (> 0)$ は未知である．θ の MLE を求めよ．さらに，$X_{(n)}$ の漸近分布は指数分布であることを示せ．また，この MLE は一致推定量であることを示せ．

5.6.6 尤度方程式と分布収束

パラメータ空間 Θ は $\boldsymbol{R}^k$ の開集合で，確率関数または確率密度関数 $f(x;\theta)$ について，$A = \{x \in \boldsymbol{R}; f(x;\theta) > 0\}$ は θ に依存しないとする．θ_0 をパラメータの真の値とし，統計モデル $\{f(x;\theta); \theta \in \Theta\}$ について以下を仮定する．

(I) すべての $\theta \in \Theta$ と $x \in A$ について，$\dfrac{\partial}{\partial\theta}\log f(x;\theta)$，$\dfrac{\partial^2}{\partial\theta^2}\log f(x;\theta)$，$\dfrac{\partial^3}{\partial\theta^3}\log f(x;\theta)$ が存在する．

(II) すべての $\theta \in \Theta$ で，以下を満たす．

$$\mathrm{E}_\theta\left[\frac{\partial}{\partial\theta}\log f(X;\theta)\right] = 0, \quad \mathrm{E}_\theta\left[\frac{1}{f(X;\theta)}\frac{\partial^2}{\partial\theta^2}f(X;\theta)\right] = 0$$

$$0 < \mathrm{E}_\theta\left[\left(\frac{\partial}{\partial\theta}\log f(X;\theta)\right)^2\right] < \infty$$

(III) θ_0 を含む区間とすべての $x \in A$ で，次のような非負の関数 M が存在する．

$$\left|\frac{\partial^3}{\partial\theta^3}\log f(x;\theta)\right| < M(x), \quad \mathrm{E}_\theta[M(X)] < \infty$$

このとき，$X_1, X_2, \ldots, X_n$ をこの統計モデルからのランダム標本とし，$\hat{\theta}_n$ を一致推定量である尤度方程式の解とすると

$$\sqrt{n}(\hat{\theta}_n - \theta_0) \xrightarrow{d} N(0, \frac{1}{I(\theta_0)}).$$

ここで，$I(\theta)$ はフィッシャー情報量である．

5.7　モーメント法推定量

5.7.1　モーメント法推定量

$X_1, X_2, \ldots, X_n$ を，統計モデル $\{f(x;\boldsymbol{\theta}); \boldsymbol{\theta} \in \boldsymbol{R}^k\}$ からのランダム標本とする．

ここで $\mu_k = \mathrm{E}_\theta[X_1^k]$ を母集団の k 次の積率とし，$M_k = \frac{1}{n}\sum_{i=1}^{n} X_i^k$ を k 次の標本積率とする．推定するパラメータ $g(\boldsymbol{\theta})$ は，$\mu_1, \mu_2, \ldots, \mu_r$ の既知の関数とする．

$$g(\boldsymbol{\theta}) = h(\mu_1, \mu_2, \ldots, \mu_r)$$

このとき

$$T(\boldsymbol{X}) = h(M_1, M_2, \ldots, M_r)$$

を，$g(\boldsymbol{\theta})$ の**モーメント法推定量**（method of moment estimator，または，**積率推定量**）という．

例 5.13

$X_1, X_2, \ldots, X_n$ を未知のパラメータ β の指数分布からのランダム標本とすると，β のモーメント法推定量を求めよ．

1次の積率は

$$\mu_1 = \mathrm{E}(X) = \frac{1}{\beta}$$

であるため，$\beta = \frac{1}{\mu_1}$ である．一方，1次の標本積率は

$$M_1 = \frac{1}{n}\sum_{i=1}^{n} X_i = \overline{X}.$$

したがって，β のモーメント法推定量は

$$\hat{\beta} = \frac{1}{M_1} = \frac{1}{\overline{X}}$$

である．

例 5.14

$X_1, X_2, \ldots, X_n$ を離散型一様分布からのランダム標本とする．つまり，確率関数が

$$f_X(x) = \begin{cases} \dfrac{1}{\theta} & x = 1, 2, \ldots, \theta \\ 0 & \text{その他} \end{cases}$$

であり，θ は未知とする．θ のモーメント法推定量を求めよ．

1次の積率は

$$\mu_1 = \mathrm{E}(X) = \sum_{x=1}^{\theta} x \cdot \frac{1}{\theta} = \frac{1}{\theta} \cdot \frac{1}{2}\theta(1+\theta) = \frac{\theta+1}{2}$$

であるため，$\theta = 2\mu_1 - 1$ である．一方，1次の標本積率は $M_1 = \overline{X}$ であるので，θ のモーメント法推定量は

$$\hat{\theta} = 2M_1 - 1 = 2\overline{X} - 1$$

である．

例 5.15

$X_1, X_2, \ldots, X_n$ を区間 $[\alpha, \beta]$ の一様分布からのランダム標本とすると，α，β のモーメント法推定量を求めよ．

1次の積率は

$$\mu_1 = \mathrm{E}(X) = \int_\alpha^\beta x \frac{1}{\beta - \alpha} dx = \frac{\alpha + \beta}{2}$$

であり，2次の積率は

$$\mu_2 = \mathrm{E}(X^2) = \int_\alpha^\beta x^2 \frac{1}{\beta - \alpha} dx = \frac{\alpha^2 + \beta^2 + \alpha\beta}{3}$$

であるため

$$\alpha = \mu_1 \pm \sqrt{3\mu_2 - 3\mu_1^2}$$
$$\beta = \mu_1 \mp \sqrt{3\mu_2 - 3\mu_1} \quad (\text{複合同順})$$

が得られる．一方，1次の標本積率は $M_1 = \overline{X}$，2次の標本積率は $M_2 = \frac{1}{n}\sum_i X_i^2$ であるので

$$3M_2 - 3M_1^2 = 3 \cdot \frac{1}{n} \sum_{i=1}^n X_i^2 - 3\overline{X}^2 = \frac{3\sum_i (X_i - \overline{X})^2}{n}$$

$\alpha < \beta$ であるため，α および β のモーメント法推定量は

$$\hat{\alpha} = \overline{X} - \sqrt{\frac{3\sum_{i=1}^n (X_i - \overline{X})^2}{n}}$$
$$\hat{\beta} = \overline{X} + \sqrt{\frac{3\sum_{i=1}^n (X_i - \overline{X})^2}{n}}$$

である．

例 5.16

$X_1, X_2, \ldots, X_n$ を次の確率密度関数をもつ母集団分布からのランダム標本とする．

$$f(x;\theta) = \begin{cases} \theta x^{\theta - 1} & 0 < x < 1 \\ 0 & \text{その他} \end{cases}$$

$\theta (> 0)$ を未知のパラメータとすると，θ のモーメント法推定量を求めよ．

答

1次の積率は

$$\mu_1 = \mathrm{E}(X) = \int_0^1 x\theta x^{\theta-1}dx = \frac{1}{\theta}$$

であるため，$\theta = \frac{\mu_1}{1-\mu_1}$ である．一方，1次の標本積率は $M_1 = \overline{X}$ であるので，θ のモーメント法推定量は

$$\hat{\theta} = \frac{\overline{X}}{1-\overline{X}}$$

である．

問25　$X_1, X_2, \ldots, X_n$ を次の確率密度関数をもつ母集団分布からのランダム標本とする，

$$f(x;\theta) = \begin{cases} e^{-(x-\theta)} & \theta \leq x \\ 0 & \text{その他} \end{cases}$$

$\theta(-\infty < \theta < \infty)$ を未知のパラメータとすると，θ のモーメント法推定量を求めよ．

問26　$X_1, X_2, \ldots, X_n$ を未知のパラメータ α，β のガンマ分布からのランダム標本とすると，α，β のモーメント法推定量を求めよ．

5.8　区間推定

5.8.1　信頼区間

$\boldsymbol{X} = (X_1, \ldots, X_n)$ を統計モデル $\{f(x;\theta); \theta \in \Theta \subset \boldsymbol{R}\}$ からのランダム標本とし，$T_1 = T_1(\boldsymbol{X})$，$T_2 = T_2(\boldsymbol{X})$ を，すべての $\theta \in \Theta$ で，$P_\theta[T_1 \leq \theta \leq T_2] \geq 1-\alpha$ とする（$0 \leq \alpha \leq 1$）．このとき，$[T_1, T_2]$ を θ の $100(1-\alpha)\%$ 信頼区間 (confidence interval)，$(1-\alpha)$ を信頼水準 (confidence level)，$\inf_{\theta\in\Theta} P_\theta[T_1 \leq \theta \leq T_2]$ を信頼係数 (confidence coefficient) という．

5.8.2　片側信頼区間

すべての $\theta \in \Theta$ について

$$P_\theta[T(\boldsymbol{X}) \leq \theta] \geq 1-\alpha$$

となる統計量 $T(\boldsymbol{X})$ を，$100(1-\alpha)\%$ **信頼下限** (lower confidence bound) といい

$$P_\theta[T(\boldsymbol{X}) \geq \theta] \geq 1-\alpha$$

となる統計量 $T(\boldsymbol{X})$ を，$100(1-\alpha)\%$ **信頼上限** (upper confidence bound) という．

5.8.3 信頼領域

$\boldsymbol{X} = (X_1, \ldots, X_n)$ を統計モデル $\{f(x;\boldsymbol{\theta}); \boldsymbol{\theta} \in \Theta \subset \boldsymbol{R}^k\}$ からのランダム標本とし，$S(\boldsymbol{x})$ を $\boldsymbol{R}^k$ の部分集合とする．

$$P_{\boldsymbol{\theta}}[\boldsymbol{\theta} \in S(\boldsymbol{X})] \geq 1-\alpha$$

となるとき，$S(\boldsymbol{X})$ を $\boldsymbol{\theta}$ の信頼水準 $100(1-\alpha)\%$ の**信頼領域** (confidence region) という．

5.8.4 ピボット

確率変数 $Q(\boldsymbol{X};\theta)$ が $\boldsymbol{X} = (X_1, \ldots, X_n)$ と θ の関数で，その分布が θ に依存しないとき，$Q(\boldsymbol{X};\theta)$ を**ピボット** (pivot) と呼ぶ．$P[q_1 \leq Q(\boldsymbol{X};\theta) \leq q_2] = 1-\alpha$ なる q_1，q_2 が存在し

$$q_1 \leq Q(x_1, \ldots, x_n;\theta) \leq q_2 \Leftrightarrow T_1(x_1, \ldots, x_n) \leq \theta \leq T_2(x_1, \ldots, x_n)$$

なる θ に依存しない $\boldsymbol{x}$ の関数 T_1，T_2 が存在すると，$[T_1(\boldsymbol{X}), T_2(\boldsymbol{X})]$ は，θ の $100(1-\alpha)\%$ 信頼区間である．

例 5.17

$\boldsymbol{X} = (X_1, X_2, \ldots, X_n)$ を区間 $(0,\theta)$ の一様分布からのランダム標本とすると，θ の $100(1-\alpha_1-\alpha_2)\%$ 信頼区間は，$\left[\dfrac{X_{(n)}}{(1-\alpha_1)^{\frac{1}{n}}}, \dfrac{X_{(n)}}{\alpha_2^{\frac{1}{n}}}\right]$ で与えられることを示せ．また，最短の信頼区間は $\alpha_1 = 0$，$\alpha_2 = \alpha$ のときであることを示せ．

答

$P(aX_{(n)} \leq \theta \leq bX_{(n)})$，$0 < a < b$ とすると

$$P(aX_{(n)} \leq \theta \leq bX_{(n)}) = P\left(\frac{1}{b} \leq \frac{X_{(n)}}{\theta} \leq \frac{1}{a}\right).$$

ここで $Y = \dfrac{X_{(n)}}{\theta}$ の確率変数変換を考えると，$0 < y < 1$ において

$$f_Y(y) = \frac{n}{\theta^n}(\theta y)^{n-1}\left|\frac{dx_{(n)}}{dy}\right| = ny^{n-1}$$

となるので

$$\begin{aligned} P\left(\frac{1}{b} \leq Y \leq \frac{1}{a}\right) &= \int_{\frac{1}{b}}^{\frac{1}{a}} ny^{n-1}dy \\ &= \left(\frac{1}{a}\right)^n - \left(\frac{1}{b}\right)^n \\ P(aX_{(n)} \leq \theta \leq bX_{(n)}) &= \left(\frac{1}{a}\right)^n - \left(\frac{1}{b}\right)^n. \end{aligned}$$

したがって，$a = \dfrac{1}{(1-\alpha_1)^{\frac{1}{n}}}$，$b = \dfrac{1}{\alpha_2^{\frac{1}{n}}}$ とすると

$$\left(\frac{1}{a}\right)^n - \left(\frac{1}{b}\right)^n = 1 - \alpha_1 - \alpha_2$$

となり，θ の $100(1-\alpha_1-\alpha_2)\%$ 信頼区間となる．

また，区間幅を $L = \dfrac{X_{(n)}}{\alpha_2^{\frac{1}{n}}} - \dfrac{X_{(n)}}{(1-\alpha_1)^{\frac{1}{n}}}$ とし，$\alpha = \alpha_1 + \alpha_2$ とすると，$\alpha_2 = \alpha - \alpha_1$ より

$$L = \frac{X_{(n)}}{(\alpha-\alpha_1)^{\frac{1}{n}}} - \frac{X_{(n)}}{(1-\alpha_1)^{\frac{1}{n}}}.$$

ここで $X_{(n)} > 0$，$\alpha_1 < \alpha < 1$ より

$$(\alpha-\alpha_1)^{\frac{1}{n}} < (1-\alpha_1)^{\frac{1}{n}}.$$

α を定数とすると

$$\frac{d}{d\alpha_1}L = \frac{X_{(n)}}{n}\left\{(1-\alpha_1)^{-1-\frac{1}{n}} - (\alpha-\alpha_1)^{-1-\frac{1}{n}}\right\}.$$

したがって，$\dfrac{d}{d\alpha_1}L > 0$ であり，$\alpha_1 = 0$（すなわち $\alpha_2 = \alpha$）のとき，L は最大値をとる．

問27　$\boldsymbol{X} = (X_1, X_2, \ldots, X_n)$ を未知のパラメータ β の指数分布からのランダム標本とすると，β の $100(1-\alpha)\%$ 信頼区間は，$\left[\dfrac{\chi^2_{2n,1-\frac{\alpha}{2}}}{2\sum_{i=1}^n X_i}, \dfrac{\chi^2_{2n,\frac{\alpha}{2}}}{2\sum_{i=1}^n X_i}\right]$ で与えられることを示せ．ただし，$\chi^2_{2n,\frac{\alpha}{2}}$ は，自由度 $2n$ のカイ二乗分布の上側 $100\left(\dfrac{\alpha}{2}\right)$ パーセント点．

5.8.5　正規母集団の平均の信頼区間

$\boldsymbol{X} = (X_1, X_2, \ldots, X_n)$ を未知の平均 μ，分散 σ^2 の正規分布からのランダム標本とする．

(i) 分散 σ^2 が既知の場合：

μ の $100(1-\alpha)\%$ 信頼区間は

$$\left[\overline{X} - z_{\frac{\alpha}{2}}\frac{\sigma}{\sqrt{n}}, \quad \overline{X} + z_{\frac{\alpha}{2}}\frac{\sigma}{\sqrt{n}}\right]$$

で与えられる．ここで $z_{\frac{\alpha}{2}}$ は，標準正規分布の上側 $100\left(\dfrac{\alpha}{2}\right)$ パーセント点を表す．

また，μ の $100(1-\alpha)\%$ 信頼上限は

$$\overline{X} + z_\alpha\frac{\sigma}{\sqrt{n}}$$

であり，μ の $100(1-\alpha)\%$ 信頼下限は

$$\overline{X} - z_\alpha\frac{\sigma}{\sqrt{n}}$$

である．

(ii) 分散 σ^2 が未知の場合：

μ の $100(1-\alpha)\%$ 信頼区間は

$$\left[\overline{X} - t_{n-1,\frac{\alpha}{2}}\frac{U}{\sqrt{n}}, \quad \overline{X} + t_{n-1,\frac{\alpha}{2}}\frac{U}{\sqrt{n}}\right]$$

で与えられる．ここで $t_{n-1,\frac{\alpha}{2}}$ は，自由度 $n-1$ の t 分布の上側 $100\left(\dfrac{\alpha}{2}\right)$ パーセント点を表し，$U = \sqrt{\dfrac{1}{n-1}\displaystyle\sum_{i=1}^n (X_i - \overline{X})^2}$ は不偏標本標準偏差を表す．

例 5.18

$\boldsymbol{X} = (X_1, X_2, \ldots, X_n)$ を平均 μ，分散 σ^2 の正規分布からのランダム標本と

する．分散が未知のとき，平均 μ の $100(1-\alpha)\%$ 信頼上限と信頼下限はそれぞれ $\overline{X}+t_{n-1,\alpha}\dfrac{U}{\sqrt{n}}$，$\overline{X}-t_{n-1,\alpha}\dfrac{U}{\sqrt{n}}$ であることを示せ．

答

$U^2=\frac{1}{n-1}\displaystyle\sum_{i=1}^{n}(X_i-\overline{X})^2$ とすると，$T=\frac{\sqrt{n}(\overline{X}-\mu)}{U}$ は自由度 $n-1$ の t 分布に従う．$t_{n-1,\alpha}$ を自由度 $n-1$ の t 分布の上側 $100\alpha\%$ 点とすると

$$P(T<t_{n-1,\alpha})=1-\alpha$$

$$P\left(\frac{\sqrt{n}(\overline{X}-\mu)}{U}<t_{n-1,\alpha}\right)=1-\alpha$$

$$P\left(\mu>\overline{X}-\frac{U}{\sqrt{n}}t_{n-1,\alpha}\right)=1-\alpha.$$

したがって，$\overline{X}-\frac{U}{\sqrt{n}}t_{n-1,\alpha}$ は μ の $100(1-\alpha)\%$ 信頼下限となる．

また同様に，t 分布は 0 を中心に左右対称であるため

$$P(T>-t_{n-1,\alpha})=1-\alpha$$

$$P\left(\frac{\sqrt{n}(\overline{X}-\mu)}{U}>-t_{n-1,\alpha}\right)=1-\alpha$$

$$P\left(\mu<\overline{X}+\frac{U}{\sqrt{n}}t_{n-1,\alpha}\right)=1-\alpha.$$

したがって，$\overline{X}+\frac{U}{\sqrt{n}}t_{n-1,\alpha}$ は μ の $100(1-\alpha)\%$ 信頼上限となる．

例 5.19

$\boldsymbol{X}=(X_1,X_2,\ldots,X_n)$ を平均 μ，分散 81 の正規分布からのランダム標本とする．データをとったところ $\overline{X}=14$ であった．

(i) 標本の大きさが 16 であったとき，平均 μ の 95% 信頼区間を求めよ．また，標本の大きさが，49 のとき，81 のとき，225 のときの 95% の信頼区間を求めよ．

(ii) 標本の大きさは 16 であったとする．平均 μ の 64.8% の信頼区間，86.4% の信頼区間，90% の信頼区間，99% の信頼区間を求めよ．

答

μ の $100(1-\alpha)\%$ 信頼区間は，$\left[\overline{X}-\dfrac{\sigma}{\sqrt{n}}z_{\frac{\alpha}{2}},\quad \overline{X}+\dfrac{\sigma}{\sqrt{n}}z_{\frac{\alpha}{2}}\right]$ で与えられることを用いる．

(i) $\alpha = 0.05$ より標準正規分布表から $z_{0.025} = 1.96$ と分かる．したがって

$$n = 16 \text{ の場合：} \left[14 - \frac{9}{\sqrt{16}}1.96, 14 + \frac{9}{\sqrt{16}}1.96\right] = [9.59, 18.41]$$
$$n = 49 \text{ の場合：} \left[14 - \frac{9}{\sqrt{49}}1.96, 14 + \frac{9}{\sqrt{49}}1.96\right] = [11.48, 16.52]$$
$$n = 81 \text{ の場合：} \left[14 - \frac{9}{\sqrt{81}}1.96, 14 + \frac{9}{\sqrt{81}}1.96\right] = [12.04, 15.96]$$
$$n = 225 \text{ の場合：} \left[14 - \frac{9}{\sqrt{225}}1.96, 14 + \frac{9}{\sqrt{225}}1.96\right] = [12.82, 15.18]$$

となる．

(ii) 標準正規分布表から $z_{0.176} = 0.93$，$z_{0.068} = 1.49$，$z_{0.05} = 1.64$，$z_{0.005} = 2.58$ であるため

$$\alpha = 0.352 \text{ の場合：} \left[14 - \frac{9}{\sqrt{16}}0.93, 14 + \frac{9}{\sqrt{16}}0.93\right] = [11.91, 16.09]$$
$$\alpha = 0.136 \text{ の場合：} \left[14 - \frac{9}{\sqrt{16}}1.49, 14 + \frac{9}{\sqrt{16}}1.49\right] = [10.65, 17.35]$$
$$\alpha = 0.1 \text{ の場合：} \left[14 - \frac{9}{\sqrt{16}}1.64, 14 + \frac{9}{\sqrt{16}}1.64\right] = [10.31, 17.69]$$
$$\alpha = 0.01 \text{ の場合：} \left[14 - \frac{9}{\sqrt{16}}2.58, 14 + \frac{9}{\sqrt{16}}2.58\right] = [8.20, 19.81]$$

となる．

問 28　分散が 81 の正規分布からランダム標本を取るとき，90% 信頼区間の長さが 9 未満であるためには，標本の大きさをどのくらいにしなければならないか求めよ．

5.8.6　正規母集団の分散の信頼区間

$\boldsymbol{X} = (X_1, X_2, \ldots, X_n)$ を平均 μ，未知の分散 σ^2 の正規分布からのランダム標本とする．

(i) 平均 μ が既知の場合：

σ^2 の $100(1-\alpha)\%$ 信頼区間は

$$\left[\frac{\sum_{i=1}^{n}(X_i - \mu)^2}{\chi^2_{n,\frac{\alpha}{2}}}, \quad \frac{\sum_{i=1}^{n}(X_i - \mu)^2}{\chi^2_{n,1-\frac{\alpha}{2}}}\right]$$

で与えられる．ここで $\chi^2_{n,\frac{\alpha}{2}}$ は，自由度 n の χ^2 分布の上側 $100\left(\dfrac{\alpha}{2}\right)$ パーセント点を表す．

(ii) 平均 μ が未知の場合：

σ^2 の $100(1-\alpha)\%$ 信頼区間は

$$\left[\frac{\sum_{i=1}^n (X_i-\overline{X})^2}{\chi^2_{n-1,\frac{\alpha}{2}}},\quad \frac{\sum_{i=1}^n (X_i-\overline{X})^2}{\chi^2_{n-1,1-\frac{\alpha}{2}}}\right]$$

で与えられる．ここで $\chi^2_{n-1,\frac{\alpha}{2}}$ は，自由度 $n-1$ の χ^2 分布の上側 $100\left(\dfrac{\alpha}{2}\right)$ パーセント点を表す．

例 5.20

$\boldsymbol{X}=(X_1,X_2,\ldots,X_n)$ を平均 μ，分散 σ^2 の正規分布からのランダム標本とする．平均が未知のとき，分散 σ^2 の $100(1-\alpha)\%$ 信頼上限と信頼下限はそれぞれ $\dfrac{\sum_{i=1}^n (X_i-\overline{X})^2}{\chi^2_{n-1,1-\alpha}}$，$\dfrac{\sum_{i=1}^n (X_i-\overline{X})^2}{\chi^2_{n-1,\alpha}}$ であることを示せ．

答

$V=\frac{\sum_{i=1}^n (X_i-\overline{X})^2}{\sigma^2}$ とすると，V は自由度 $n-1$ の χ^2 分布に従う．$\chi^2_{n-1,\alpha}$ を自由度 $n-1$ の χ^2 分布の上側 $100\alpha\%$ 点とすると

$$P(V<\chi^2_{n-1,\alpha})=1-\alpha$$

$$P\left(\frac{\sum_i (X_i-\overline{X})^2}{\sigma^2}<\chi^2_{n-1,\alpha}\right)=1-\alpha$$

$$P\left(\sigma^2>\frac{\sum_i (X_i-\overline{X})^2}{\chi^2_{n-1,\alpha}}\right)=1-\alpha.$$

したがって，$\frac{\sum_{i=1}^n (X_i-\overline{X})^2}{\chi^2_{n-1,\alpha}}$ は σ^2 の $100(1-\alpha)\%$ 信頼下限となる．

また同様に

$$P(V>\chi^2_{n-1,1-\alpha})=1-\alpha$$

$$P\left(\sigma^2<\frac{\sum_i (X_i-\overline{X})^2}{\chi^2_{n-1,1-\alpha}}\right)=1-\alpha.$$

したがって，$\frac{\sum_i (X_i-\overline{X})^2}{\chi^2_{n-1,1-\alpha}}$ は σ^2 の $100(1-\alpha)\%$ 信頼上限となる．

問29　針の長さの観測値が，15.1, 20.5, 19.3, 12.8, 11.6, 16.5, 10.2, 14.3, 17.2, 13.5 であるとし，観測値は正規分布に従うとする．母集団の平均の 90% 信頼区間を求めよ．また母集団の分散の 90% 信頼区間を求めよ．

5.8.7　2 つの独立な正規母集団の平均の差の信頼区間

$\boldsymbol{X} = (X_1, X_2, \ldots, X_n)$ を未知の平均 μ_1，分散 σ_1^2 の正規分布からのランダム標本，$\boldsymbol{Y} = (Y_1, Y_2, \ldots, Y_m)$ を未知の平均 μ_2，分散 σ_2^2 の正規分布からのランダム標本とする．また，$\boldsymbol{X}$ と $\boldsymbol{Y}$ は独立であるとする．

(i) 分散 σ_1^2，σ_2^2 が既知の場合：

2 群の平均の差 $\mu_2 - \mu_1$ の $100(1-\alpha)\%$ 信頼区間は

$$\left[\overline{Y} - \overline{X} - z_{\frac{\alpha}{2}}\sqrt{\frac{\sigma_1^2}{n} + \frac{\sigma_2^2}{m}},\quad \overline{Y} - \overline{X} + z_{\frac{\alpha}{2}}\sqrt{\frac{\sigma_1^2}{n} + \frac{\sigma_2^2}{m}}\right]$$

で与えられる．

(ii) 分散 $\sigma_1^2 = \sigma_2^2 = \sigma^2$ で，σ^2 が未知の場合：

2 群の平均の差 $\mu_2 - \mu_1$ の $100(1-\alpha)\%$ 信頼区間は

$$\left[\overline{Y} - \overline{X} - t_{n+m-2,\frac{\alpha}{2}} S_p\sqrt{\frac{1}{n} + \frac{1}{m}},\quad \overline{Y} - \overline{X} + t_{n+m-2,\frac{\alpha}{2}} S_p\sqrt{\frac{1}{n} + \frac{1}{m}}\right]$$

で与えられる．ここで，$S_p = \sqrt{\dfrac{\sum_{i=1}^n (X_i - \overline{X})^2 + \sum_{j=1}^m (Y_j - \overline{Y})^2}{n+m-2}}$ である．

(iii) 分散 $\sigma_1^2 \neq \sigma_2^2$ で，σ_1^2，σ_2^2 が未知の場合：

2 群の平均の差 $\mu_2 - \mu_1$ の $100(1-\alpha)\%$ 信頼区間は，一般に

$$\left[\overline{Y} - \overline{X} - t_{\nu,\frac{\alpha}{2}}\sqrt{\frac{U_1^2}{n} + \frac{U_2^2}{m}},\quad \overline{Y} - \overline{X} + t_{\nu,\frac{\alpha}{2}}\sqrt{\frac{U_1^2}{n} + \frac{U_2^2}{m}}\right]$$ が用いられる．

ここで，$U_1 = \sqrt{\dfrac{1}{n-1}\displaystyle\sum_{i=1}^{n}(X_i - \overline{X})^2}, U_2 = \sqrt{\dfrac{1}{m-1}\displaystyle\sum_{j=1}^{m}(Y_j - \overline{Y})^2}$

$$\nu = \frac{\left[\dfrac{U_1^2}{n} + \dfrac{U_2^2}{m}\right]^2}{\dfrac{U_1^4}{n^2(n-1)} + \dfrac{U_2^4}{m^2(m-1)}}$$

である．

例 5.21

$\boldsymbol{X} = (X_1, X_2, \ldots, X_n)$ を平均 μ_1，分散 σ_1^2 の正規分布からのランダム標本，$\boldsymbol{Y} = (Y_1, Y_2, \ldots, Y_m)$ を平均 μ_2，分散 σ_2^2 の正規分布からのランダム標本とする．また $\boldsymbol{X}$ と $\boldsymbol{Y}$ は独立であるとする．分散 σ_1^2 と σ_2^2 が既知のとき，2つの平均の差 $\mu_2 - \mu_1$ の $100(1-\alpha)\%$ 信頼区間は

$$\left[\overline{Y} - \overline{X} - z_{\frac{\alpha}{2}}\sqrt{\frac{\sigma_1^2}{n} + \frac{\sigma_2^2}{m}},\ \overline{Y} - \overline{X} + z_{\frac{\alpha}{2}}\sqrt{\frac{\sigma_1^2}{n} + \frac{\sigma_2^2}{m}}\right]$$

で与えられることを示せ.

答

$\overline{X}$ は平均 μ_1，分散 $\frac{\sigma_1^2}{n}$ の正規分布に従い，$\overline{Y}$ は平均 μ_2，分散 $\frac{\sigma_2^2}{m}$ の正規分布に従う．また，$\boldsymbol{X}$ と $\boldsymbol{Y}$ は独立であることから，$\overline{X}$ と $\overline{Y}$ は独立であるため，$\overline{Y} - \overline{X}$ は平均 $\mu_2 - \mu_1$，分散 $\frac{\sigma_2^2}{m} + \frac{\sigma_1^2}{n}$ の正規分布に従う．ここで，$\overline{Y} - \overline{X}$ を標準化することで

$$Z = \frac{(\overline{Y} - \overline{X}) - (\mu_2 - \mu_1)}{\sqrt{\dfrac{\sigma_2^2}{m} + \dfrac{\sigma_1^2}{n}}}$$

は標準正規分布に従う．$z_{\frac{\alpha}{2}}$ を標準正規分布の上側 $100\frac{\alpha}{2}\%$ 点とすると

$$P(-z_{\frac{\alpha}{2}} < Z < z_{\frac{\alpha}{2}}) = 1 - \alpha$$

$$P\left(-z_{\frac{\alpha}{2}} < \frac{(\overline{Y} - \overline{X}) - (\mu_2 - \mu_1)}{\sqrt{\dfrac{\sigma_2^2}{m} + \dfrac{\sigma_1^2}{n}}} < z_{\frac{\alpha}{2}}\right) = 1 - \alpha$$

$$P\left((\overline{Y} - \overline{X}) - z_{\frac{\alpha}{2}}\sqrt{\frac{\sigma_2^2}{m} + \frac{\sigma_1^2}{n}} < \mu_2 - \mu_1 < (\overline{Y} - \overline{X}) + z_{\frac{\alpha}{2}}\sqrt{\frac{\sigma_2^2}{m} + \frac{\sigma_1^2}{n}}\right) = 1 - \alpha.$$

したがって

$$\left[\overline{Y} - \overline{X} - z_{\frac{\alpha}{2}}\sqrt{\frac{\sigma_1^2}{n} + \frac{\sigma_2^2}{m}},\ \overline{Y} - \overline{X} + z_{\frac{\alpha}{2}}\sqrt{\frac{\sigma_1^2}{n} + \frac{\sigma_2^2}{m}}\right]$$

は $\mu_2 - \mu_1$ の $100(1-\alpha)\%$ 信頼区間となる.

例 5.22

20代の単身世帯の中から無作為に選ばれた300人の貯金額の平均が175万円で標本分散が40万円であった．一方で，20代の2人以上の世帯の中から無作為に選ばれた200人の貯金額の平均は200万円で，標本分散は50万円であった．20代の単身世帯と2人以上の世帯の貯金額は等しい分散をもつ正規分布に従うものとして，全国平均の差の95%信頼区間を求めよ．

答

$S_p = \sqrt{\dfrac{300 \times 40 + 200 \times 50}{300 + 200 - 2}} = 6.65$ である．また $t_{300+200-2, \frac{0.05}{2}}$ について，自由度が十分に大きい t 分布は標準正規分布を用いて近似できるため，標準正規分布表から $z_{0.025} = 1.96$ であるため

$$\begin{aligned}\overline{Y} - \overline{X} \pm z_{0.025} S_p \sqrt{\frac{1}{300} + \frac{1}{200}} &= (200 - 175) \pm 1.96 \times 6.65 \times 0.09 \\ &= [23.83, 26.17].\end{aligned}$$

問 30　二つの薬A，Bを投与したときの回復時間の違いを調べるために無作為に選んだ25人は薬Aを，独立に無作為に選んだ36人は薬Bを投与した．薬Aを投与したときの平均回復時間は48時間，標準偏差は4時間であった．また薬Bを投与したときの平均回復時間は30時間で，標準偏差は6時間であった．回復時間は正規分布に従うものとして，実際の平均回復時間の差の95%信頼区間を求めよ．

5.8.8　2つの独立な正規母集団の分散の比の信頼区間

$\boldsymbol{X} = (X_1, X_2, \ldots, X_n)$ を平均 μ_1，未知の分散 σ_1^2 の正規分布からのランダム標本，$\boldsymbol{Y} = (Y_1, Y_2, \ldots, Y_m)$ を平均 μ_2，未知の分散 σ_2^2 の正規分布からのランダム標本とする．また，$\boldsymbol{X}$ と $\boldsymbol{Y}$ は独立であるとする．

(i) 平均 μ_1，μ_2 が既知の場合：

2群の分散の比 $\dfrac{\sigma_2^2}{\sigma_1^2}$ の $100(1-\alpha)\%$ 信頼区間は

$$\left[\frac{n\sum_{i=1}^{m}(Y_i - \mu_2)^2}{m\sum_{i=1}^{n}(X_i - \mu_1)^2} F_{n,m,1-\frac{\alpha}{2}}, \quad \frac{n\sum_{i=1}^{m}(Y_i - \mu_2)^2}{m\sum_{i=1}^{n}(X_i - \mu_1)^2} F_{n,m,\frac{\alpha}{2}}\right]$$

で与えられる．ここで，$F_{n,m,\frac{\alpha}{2}}$ は，自由度 n，m の F 分布の上側 $100\left(\dfrac{\alpha}{2}\right)$ パーセント点を表す．

(ii) 平均 μ_1，μ_2 が未知の場合：

2 群の分散の比 $\dfrac{\sigma_2^2}{\sigma_1^2}$ の $100(1-\alpha)\%$ 信頼区間は

$$\left[\frac{(n-1)\sum_{i=1}^{m}(Y_i-\overline{Y})^2}{(m-1)\sum_{i=1}^{n}(X_i-\overline{X})^2}F_{n-1,m-1,1-\frac{\alpha}{2}},\ \frac{(n-1)\sum_{i=1}^{m}(Y_i-\overline{Y})^2}{(m-1)\sum_{i=1}^{n}(X_i-\overline{X})^2}F_{n-1,m-1,\frac{\alpha}{2}}\right]$$

で与えられる．ここで，$F_{n-1,m-1,\frac{\alpha}{2}}$ は，自由度 $n-1$，$m-1$ の F 分布の上側 $100\left(\dfrac{\alpha}{2}\right)$ パーセント点を表す．

例 5.23

$\boldsymbol{X}=(X_1,X_2,\ldots,X_n)$ を平均 μ_1，分散 σ_1^2 の正規分布からのランダム標本，$\boldsymbol{Y}=(Y_1,Y_2,\ldots,Y_m)$ を平均 μ_2，分散 σ_2^2 の正規分布からのランダム標本とする．また $\boldsymbol{X}$ と $\boldsymbol{Y}$ は独立であるとする．平均 μ_1 と μ_2 が既知のとき，2 つの分散の比 $\dfrac{\sigma_2^2}{\sigma_1^2}$ の $100(1-\alpha)\%$ 信頼区間は

$$\left[\frac{n\sum_{i=1}^{m}(Y_i-\mu_2)^2}{m\sum_{i=1}^{n}(X_i-\mu_1)^2}F_{n,m,1-\frac{\alpha}{2}},\ \frac{n\sum_{i=1}^{m}(Y_i-\mu_2)^2}{m\sum_{i=1}^{n}(X_i-\mu_1)^2}F_{n,m,\frac{\alpha}{2}}\right]$$

で与えられることを示せ．

答

$V=\frac{\sum_{i=1}^{n}(X_i-\mu_1)^2}{\sigma_1^2}$ は自由度 n のカイ二乗分布に従い，$W=\frac{\sum_{i=1}^{m}(Y_i-\mu_2)^2}{\sigma_2^2}$ は自由度 m のカイ二乗分布に従う．また，$\boldsymbol{X}$ と $\boldsymbol{Y}$ は独立であることから，V と W は独立であるため，$\frac{V/n}{W/m}$ は自由度 n，m の F 分布に従う．$F_{n,m,\frac{\alpha}{2}}$ を自由度 n，m の F 分布の上側 $100\frac{\alpha}{2}\%$ 点とすると

$$P\left(F_{n,m,1-\frac{\alpha}{2}}<\frac{V/n}{W/m}<F_{n,m,\frac{\alpha}{2}}\right)=1-\alpha$$

$$P\left(F_{n,m,1-\frac{\alpha}{2}}<\frac{\sigma_2^2}{\sigma_1^2}\frac{m\sum_{i=1}^{n}(X_i-\mu_1)^2}{n\sum_{i=1}^{m}(Y_i-\mu_2)^2}<F_{n,m,\frac{\alpha}{2}}\right)=1-\alpha$$

$$P\left(\frac{n\sum_{i=1}^{m}(Y_i-\mu_2)^2}{m\sum_{i=1}^{n}(X_i-\mu_1)^2}F_{n,m,1-\frac{\alpha}{2}}<\frac{\sigma_2^2}{\sigma_1^2}<\frac{n\sum_{i=1}^{m}(Y_i-\mu_2)^2}{m\sum_{i=1}^{n}(X_i-\mu_1)^2}F_{n,m,\frac{\alpha}{2}}\right)=1-\alpha.$$

したがって

$$\left[\frac{n\sum_{i=1}^{m}(Y_i-\mu_2)^2}{m\sum_{i=1}^{n}(X_i-\mu_1)^2}F_{n,m,1-\frac{\alpha}{2}},\ \frac{n\sum_{i=1}^{m}(Y_i-\mu_2)^2}{m\sum_{i=1}^{n}(X_i-\mu_1)^2}F_{n,m,\frac{\alpha}{2}}\right]$$

は $\frac{\sigma_2^2}{\sigma_1^2}$ の $100(1-\alpha)\%$ 信頼区間となる．

5.8.9　母集団の平均の近似信頼区間

$\boldsymbol{X} = (X_1, X_2, \ldots, X_n)$ を未知の平均 μ，未知の分散 σ^2 をもつ母集団分布からのランダム標本とする．μ の $100(1-\alpha)\%$ 近似信頼区間 (approximate confidence interval) は

$$\left[\overline{X} - z_{\frac{\alpha}{2}} \frac{S}{\sqrt{n}}, \quad \overline{X} + z_{\frac{\alpha}{2}} \frac{S}{\sqrt{n}}\right]$$

で与えられる．ここで $S = \sqrt{\dfrac{1}{n}\displaystyle\sum_{i=1}^{n}(X_i - \overline{X})^2}$ は標本標準偏差を表す．

例 5.24

$\boldsymbol{X} = (X_1, X_2, \ldots, X_n)$ を未知のパラメータ λ のポアソン分布からのランダム標本とすると，λ の $100(1-\alpha)\%$ 近似信頼区間は

$$\left[\overline{X} - z_{\frac{\alpha}{2}} \sqrt{\frac{\overline{X}}{n}},\ \overline{X} + z_{\frac{\alpha}{2}} \sqrt{\frac{\overline{X}}{n}}\right]$$

で与えられることを示せ．

答

中心極限定理より，$\frac{\sqrt{n}(\overline{X}-\lambda)}{\sqrt{\lambda}}$ は標準正規分布に法則収束する．また大数の法則より，$\bar{X}$ は λ へ確率収束するため，$\frac{\sqrt{\bar{X}}}{\sqrt{\lambda}}$ は1へ確率収束する．これらを用いて，スラツキーの定理より $\frac{\sqrt{n}(\bar{X}-\lambda)/\sqrt{\lambda}}{\sqrt{\bar{X}}/\sqrt{\lambda}} = \frac{\sqrt{n}(\bar{X}-\lambda)}{\sqrt{\bar{X}}}$ は標準正規分布へと法則収束することが分かる．$z_{\frac{\alpha}{2}}$ を標準正規分布の上側 $100\frac{\alpha}{2}\%$ 点とすると

$$P(-z_{\frac{\alpha}{2}} < \frac{\sqrt{n}(\bar{X}-\lambda)}{\sqrt{\bar{X}}} < z_{\frac{\alpha}{2}}) \fallingdotseq 1-\alpha$$

$$P\left(\overline{X} - z_{\frac{\alpha}{2}} \sqrt{\frac{\overline{X}}{n}} < \lambda < \overline{X} + z_{\frac{\alpha}{2}} \sqrt{\frac{\overline{X}}{n}}\right) \fallingdotseq 1-\alpha$$

したがって

$$\left[\overline{X} - z_{\frac{\alpha}{2}} \sqrt{\frac{\overline{X}}{n}},\ \overline{X} + z_{\frac{\alpha}{2}} \sqrt{\frac{\overline{X}}{n}}\right]$$

は λ の $100(1-\alpha)\%$ 近似信頼区間となる．

問 31　ある全国模試を受けた学生の中から 400 人無作為に選んだところ，平均が 600 点で標準偏差が 80 点であった．この模試の全国平均の 95% 近似信頼区間を求めよ．

問 32　ある自動販売機に来る人の数はポアソン分布に従うという．10 分間間隔で来る人を 100 回数えたところ平均で 1.8 人であった．実際に 10 分間に来る客の人数の平均の 95% 近似信頼区間を求めよ．

5.8.10　母集団の比率の近似信頼区間

$\boldsymbol{X} = (X_1, X_2, \ldots, X_n)$ を，未知のパラメータ p $(0 < p < 1)$ をもつベルヌーイ分布からのランダム標本とする．**母比率** (population rate)p の $100(1-\alpha)\%$ 近似信頼区間は

$$\left[\hat{p} - z_{\frac{\alpha}{2}}\sqrt{\frac{\hat{p}(1-\hat{p})}{n}},\quad \hat{p} + z_{\frac{\alpha}{2}}\sqrt{\frac{\hat{p}(1-\hat{p})}{n}}\right]$$

で与えられる．ここで $\hat{p} = \dfrac{1}{n}\displaystyle\sum_{i=1}^{n} X_i$ は標本比率を表す．

例 5.25

ある機械で作られるの製品のうち 100 個を無作為に取り出して調べたところ，10 個が不良品であった．母集団に含まれる不良品の比率の 95% 信頼区間を求めよ．

答

標本平均は $\overline{X} = \frac{10}{100} = 0.1$，また標準正規分布表から $z_{0.025} = 1.96$ であるため，母集団比率の 95% 近似信頼区間は

$$\left[0.1 - \sqrt{\frac{0.1(1-0.1)}{100}}1.96, 0.1 + \sqrt{\frac{0.1(1-0.1)}{100}}1.96\right] = [0.0412, 0.1588]$$

となる．

問 33　あるテレビ番組の視聴率を調べるために 400 世帯を無作為に選び調査をしたところ，40% がそのテレビ番組を見ていた．全世帯の視聴率の 90% 信頼区間を求めよ．

例 5.26

母集団比率の 95% 信頼区間の長さを 0.02 未満にするためには，標本の大きさをどの程度とすれば良いか述べよ．

答

母集団比率の 95% 近似信頼区間の長さは

$$\overline{X} + \sqrt{\frac{\overline{X}(1-\overline{X})}{n}}z_{0.025} - \left(\overline{X} - \sqrt{\frac{\overline{X}(1-\overline{X})}{n}}z_{0.025}\right) = 3.92\sqrt{\frac{\overline{X}(1-\overline{X})}{n}}$$

で与えられる．この長さを 0.02 未満にするためには

$$3.92\sqrt{\frac{\overline{X}(1-\overline{X})}{n}} < 0.02$$
$$n > 38416\{\overline{X}(1-\overline{X})\}$$

を満たす必要がある．ここで $0 < \overline{X} < 1$ より，$\overline{X}(1-\overline{X}) \leq \frac{1}{4}$ であるため

$$n > 38416 \times \frac{1}{4}$$
$$n > 9604$$

したがって，標本の大きさを 9605 以上とすればよい．

5.8.11　2つの独立な母集団の比率の差の近似信頼区間

$\boldsymbol{X} = (X_1, X_2, \ldots, X_n)$ を未知パラメータ p_1 $(0 < p_1 < 1)$ のベルヌーイ分布からのランダム標本，$\boldsymbol{Y} = (Y_1, Y_2, \ldots, Y_m)$ を未知パラメータ p_2 $(0 < p_2 < 1)$ のベルヌーイ分布からのランダム標本とする．$\boldsymbol{X}$ と $\boldsymbol{Y}$ は独立とする．母集団の比率の差 $p_1 - p_2$ の $100(1-\alpha)\%$ 近似信頼区間は，

$$\left[\hat{p}_1 - \hat{p}_2 - z_{\frac{\alpha}{2}}S_{\hat{p}_1-\hat{p}_2},\quad \hat{p}_1 - \hat{p}_2 + z_{\frac{\alpha}{2}}S_{\hat{p}_1-\hat{p}_2}\right]$$

で与えられる．ここで，$S_{\hat{p}_1-\hat{p}_2} = \sqrt{\dfrac{\hat{p}_1(1-\hat{p}_1)}{n} + \dfrac{\hat{p}_2(1-\hat{p}_2)}{m}}$ である．

問 34　ある選挙において候補者 A に対する年代別の得票率を調べるために 39 歳以上の有権者 100 人を無作為に選びだした．すると，56% の人が候補者 A に投票したと答えた．一方で，40 歳以上の有権者 150 人を無作為に選びだしたところ，34% の人が候補者 A に投票したと答えた．39 歳以下と 40 歳以上での得票率の差の 99% 近似信頼区間を求めよ．

章末問題

問題 1　パラメータ λ のポアソン分布は 1 パラメータの指数型分布族に属することを示せ．ただし，λ は未知とする．

問題 2　パラメータ α, β のベータ分布は 2 パラメータの指数型分布族に属することを示せ．ただし，α, β は未知とする．

問題 3　正規分布から大きさ 20 のランダム標本を取った結果，次のデータを得た．20.6, 21.3, 12.7, 7.7, 13.7, 19.1, 16.7, 13.9, 10.7, 14.9, 8.6, 20.4, 12.0, 8.7, 14.8, 19.6, 12.8, 15.5, 18.1, 19.5
(i) 平均 μ の最尤推定値を求めよ．(ii) 分散 σ^2 の不偏推定値を求めよ．(iii)3 次の積率のモーメント推定値を求めよ．(iv) 平均 μ の 95% 信頼区間を求めよ．(v) 分散 σ^2 の 99% 信頼区間を求めよ．

問題 4　ある交差点における交通事故発生件数を月ごとにまとめたものが以下で与えられている．0, 3, 0, 0, 1, 4, 1, 1, 1, 3, 3, 0．事故の発生件数がポアソン分布に従っているとして，平均の最尤推定値を求めよ．また，1 ヵ月間交通事故発生数 0 の確率の最尤推定値を求めよ．

問題 5　救急車が到着するまでの時間を 20 台分測ったところ (単位分)，6.8, 7.3, 6.9, 6.8, 6.6, 7.0, 6.6, 8.2, 9.3, 6.5, 7.6, 6.8, 6.8, 8.6, 6.1, 6.1, 6.0, 7.8, 7.5, 8.0 であった．到着までの時間が指数分布に従っているとして，平均待ち時間の最尤推定値を求めよ．また，到着までの時間が 5 分以内である確率の最尤推定値を求めよ．また，到着までの時間の 95% 近似信頼区間を求めよ．

問題 6　ある地域に住む野良猫の総数を推定したいとする．まず初めに，r 匹の野良猫を捕まえて印をつけた後に再び放し，しばらくしてから新たに n 匹の野良猫を捕まえたところ，全部で k 匹に印がついていた．この地域に住む野良猫の総数の最尤推定値を求めよ．

問題 7　上と同様にある地域に住む野良猫の総数を推定するため，r 匹の野良猫を捕まえて印をつけた後に再び放した．今度は 1 匹ずつ捕まえては，放すことを n 回繰り返したところ，k 匹に印がついていた．このとき野良猫の総数の最尤推定値を求めよ．

問題 8　N 個の数値 $a_1, a_2, \ldots, a_N$ からなる有限母集団の平均 μ，分散 σ^2 を次のように定義する．

$$\mu = \frac{1}{N}\sum_{i=1}^{N} a_j,\ \sigma^2 = \frac{1}{N}\sum_{i=1}^{N}(a_i - \mu)^2$$

$X_1, X_2, \ldots, X_n$ をこの母集団からのランダム標本．つまり，X_i は $P(X_i = a_j) = \dfrac{1}{N}$，$i = 1, 2, \ldots, n$，$j = 1, 2, \ldots, N$ となるような確率変数とする．

(i) $\overline{X} = \dfrac{\sum_{i=1}^{n} X_i}{n}$ が μ の不偏推定量であることを示せ．

(ii) $\dfrac{N-1}{N}\left(\dfrac{\sum_{i=1}^{n}(X_i - \overline{X})^2}{n-1}\right)$ が σ^2 の不偏推定量であることを示せ．

問題 9　$X_1, X_2, \ldots, X_n$ を区間 $(\theta_1 - \theta_2, \theta_1 + \theta_2)$ の一様分布からのランダム標本とする．θ_1 と θ_2 のモーメント推定量を求めよ．

問題 10　$X_1, X_2, \ldots, X_n$ を次の密度関数をもつ分布（ラプラス分布）からのランダム標本とする．

$$f_X(x) = \frac{1}{2}\exp(-|x-\theta|) \qquad -\infty < x < \infty, -\infty < \theta < \infty$$

θ の MLE を求めよ．

問題 11　(i) $\displaystyle\sum_{j=0}^{k}\binom{n}{j}p^j(1-p)^{n-j} = \int_{c_1}^{\infty} f_{n_1,n_2}(x)dx$，$\displaystyle\sum_{j=k}^{n}\binom{n}{j}p^j(1-p)^{n-j} = \int_{c_2}^{\infty} f_{m_1,m_2}(x)dx$，$n_1 = 2(k+1)$，$n_2 = 2(n-k)$，$m_1 = 2(n-k+1)$，$m_2 = 2k$，$c_1 = \dfrac{n_2 p}{n_1(1-p)}$，$c_2 = \dfrac{m_2(1-p)}{m_1 p}$ が成り立つことを示せ．ここで f_{n_1,n_2} は自由度 n_1，n_2 の F 分布の密度関数である．

(ii) $X_1, X_2, \ldots, X_n$ をパラメータ $p(0 < p < 1)$ のベルヌーイ分布からのランダム標本とする．(i) を用いて集団比率 p の $100(1-\alpha)\%$ 信頼区間は，次で与えられることを示せ．

$$\left[\frac{m_2}{m_1 F_{m_1,m_2,\frac{\alpha}{2}} + m_2}, \frac{n_1 F_{n_1,n_2,\frac{\alpha}{2}}}{n_1 F_{n_1,n_2,\frac{\alpha}{2}} + n_2}\right]$$

ここで $F_{m_1,m_2,\frac{\alpha}{2}}$ は自由度 m_1，m_2 の F 分布の上側 $100\left(\dfrac{\alpha}{2}\right)\%$ 点である．

問題 12　$X_1, X_2, \ldots, X_n$ を次の密度関数をもつ分布からのランダム標本とする．

$$f_X(x) = \begin{cases} \dfrac{1}{\lambda}e^{-\frac{(x-\mu)}{\lambda}} & x \geq \mu \\ 0 & x < \mu \end{cases}$$

ここで，$-\infty < \mu < \infty$，$\lambda > 0$ でどちらも未知とする．(μ, λ) の MLE を求めよ．

問題 13　X が次の確率関数をもつ．

$$f_X(x) = \begin{cases} p & x = -1 \\ (1-p)^2 p^x & x = 0, 1, 2, \ldots \\ 0 & \text{その他} \end{cases}$$

$0 < p < 1$．$T(\boldsymbol{X}) = t_X$ が $X = j(j = 0, 1, 2, \ldots)$ のとき，値 $t_j = j(1 - t_{-1})$ を取る推定量とすると，$T(\boldsymbol{X})$ が p の不偏推定量であることを示せ．ただし，

t_{-1} はある定数とする．また，$\mathrm{Var}(T)$ を求め，$t_{-1} = \dfrac{p+1}{2}$ のとき，分散の値は最小になることを示せ．

問題 14　$X_1, X_2, \ldots, X_n$ を区間 $(\theta, \theta+1)$ の一様分布からのランダム標本とする．$g(y)$ を y よりも小さい最大整数とすると $g(X_1 - p) + p$，$0 \leq p < 1$ が θ の不偏推定量であることを示せ．また θ の一様最小分散不偏推定量は存在しないことを示せ．

第6章

仮説検定

6.1　統計的仮説検定

着目するパラメータの真の値がパラメータ空間のある部分集合に含まれているかを，標本を基にして判定することを考えていく．

6.1.1　帰無仮説と対立仮説

$\boldsymbol{X} = (X_1, X_2, \ldots, X_n)$ を統計モデル $\{f(x;\theta); \theta \in \Theta \subset \boldsymbol{R}\}$ からのランダム標本とする．ただし，$f(x;\theta)$ は確率関数または確率密度関数である．$\Theta_0 \subset \Theta$ とし，$\Theta_1 = \Theta - \Theta_0$ とする．**帰無仮説** (null hypothesis) を $H_0 : \theta \in \Theta_0$ と表し，**対立仮説** (alternative hypothesis) を $H_1 : \theta \in \Theta_1$ と表す．特に，Θ_0 や Θ_1 が 1 つの要素からなるとき，それらの仮説を単純仮説といい，2 つ以上の要素からなるときは，複合仮説という．

仮説検定では，与えられたデータを基に，H_0 を採択して θ は Θ_0 に含まれるという結論を出すか，H_0 を棄却して，θ は Θ_1 に含まれるという結論を出す．

6.1.2　検定

データがどの値のときに帰無仮説を採択して，どの値のときに棄却するかという規則を一般に検定という．データ $\boldsymbol{x} = (x_1, x_2, \ldots, x_n)$ が $C \subset \boldsymbol{R}^n$ に入るときには帰無仮説を棄却し，そうではないときは採択するという部分集合 C を，**棄却域** (critical region) という．実際には，**検定統計量** (test statistics) を用いて棄却域を表すこともある．棄却域の補集合 C^c を，**採択域** (acceptance region) ということもある．

棄却域は**検定関数** (test function)φ を用いて

$$\varphi(\boldsymbol{x}) = \begin{cases} 1 & \boldsymbol{x} \in C \\ 0 & \boldsymbol{x} \notin C \end{cases}$$

と表すこともある．

対立仮説が $H_1 : \theta > \theta_0$ や $H_1 : \theta < \theta_0$ の形をしている場合を**片側検定** (one-sided test)，$H_1 : \theta \neq \theta_0$ の形をしている場合を**両側検定** (two-sided test) という．

6.1.3　検定の誤り

検定では，実際に正しい判定をするか，または2種類の誤りが生ずる．帰無仮説が正しいのにもかかわらず，帰無仮説を棄却してしまう誤りを，**第1種の誤り** (error of the first kind, **タイプIの誤り**, type I error）という．帰無仮説が正しくないにもかかわらず，帰無仮説を採択してしまう誤りを，**第2種の誤り**（error of the second kind, **タイプIIの誤り**, type II error）という．

タイプIの誤りの起こる確率は $P_\theta[\boldsymbol{X} \in C|\theta \in \Theta_0]$（もしくは $P_\theta[\boldsymbol{X} \in C|H_0]$ と表す)，タイプIIの誤りの起こる確率は $P_\theta[\boldsymbol{X} \in C^c|H_1]$ である．

6.1.4　検出力関数

すべての $\theta \in \Theta$ に対して，帰無仮説を棄却する確率

$$\beta(\theta) = P_\theta[\boldsymbol{X} \in C]$$

を**検出力関数** (power function) という．特に，$\theta_1 \in \Theta_1$ のときの $\beta(\theta_1)$ を θ_1 に対する**検出力** (power) という．また，$\theta \in \Theta_0$ のときの $\beta(\theta)$ は，タイプIの誤りの確率である．

検定の大きさ (size of a test) は

$$\alpha = \sup_{\theta \in \Theta_0} \beta(\theta)$$

で与えられる．検定を行うとき，検定の大きさが前もって決めた値 α_0（$0 < \alpha_0 < 1$）より小さい検定を考えることがあるが，この α_0 を**有意水準**（level of significance, または，**水準** (level)）という．すなわち有意水準 α_0 の検定とは，タイプIの誤りの確率が α_0 以下の検定である．有意水準の選択は任意であり，特にタイプIの誤りの重大さに依存して決定するが，通常は0.01や0.05がよく使わ

れる.

例 6.1

p をコインを投げたときに表が出る確率とする. $H_0 : p = 0.5$, $H_1 : p > 0.5$ の仮説をコインを 15 回投げて検定する. 13 回以上表が出たとき帰無仮説 H_0 を棄却する検定の検出力関数を求めよ. また, 真の $p = 0.6, 0.7, 0.8, 0.9, 1.0$ のときの検出力を求めよ. また, タイプIの誤りの確率を求めよ.

答

$S = \sum_{i=1}^{15} X_i$ とすると, S はパラメータ 15, p の二項分布に従う. $C = \{13, 14, 15\}$ とすると, 検出力関数は

$$\begin{aligned}\beta(p) = P_p(S \in C) &= \sum_{s=13}^{15} \binom{15}{s} p^s (1-p)^{15-s} \\ &= 105p^{13}(1-p)^2 + 15p^{14}(1-p) + p^{15} \\ &= p^{13}(91p^2 - 195p + 105).\end{aligned}$$

また具体的に, $\beta(0.6) = 0.027$, $\beta(0.7) = 0.127$, $\beta(0.8) = 0.398$, $\beta(0.9) = 0.816$, $\beta(1) = 1$ と分かる.

タイプIの誤りの確率は

$$P(S \in C | H_0) = \beta(0.5) = 0.004.$$

例 6.2

$\boldsymbol{X} = (X_1, X_2, \ldots, X_{10})$ が未知のパラメータ p のベルヌーイ分布からの大きさ 10 のランダム標本とする. 単純帰無仮説 $H_0 : p = 0.5$ を単純対立仮説 $H_1 : p = 0.8$ に対し次の検定関数で検定する.

$$\varphi(\boldsymbol{x}) = \begin{cases} 1 & \sum_{i=1}^{10} x_i > 7 \\ 0 & \sum_{i=1}^{10} x_i \leq 7 \end{cases}$$

この検定の大きさを求めよ. また, 対立仮説に対する検出力を求めよ. タイプIIの誤りの確率を求めよ.

答

$S = \sum_{i=1}^{10} X_i$ とすると, S はパラメータ 10, p の二項分布に従う. 検出力関

数は

$$\beta(p) = P_p(\varphi(\boldsymbol{X}) = 1) = P(S > 7) = \sum_{s=8}^{10} \binom{10}{s} p^s (1-p)^{10-s}$$
$$= 45p^8(1-p)^2 + 10p^9(1-p) + p^{10} = p^8(36p^2 - 80p + 45).$$

検定の大きさは

$$P(\varphi(\boldsymbol{X}) = 1|H_0) = \beta(0.5) = 0.055.$$

検出力は

$$P(\varphi(\boldsymbol{X}) = 1|H_1) = \beta(0.8) = 0.678.$$

タイプIIの誤差の確率は

$$P(\varphi(\boldsymbol{X}) = 0|H_1) = 1 - \beta(0.8) = 0.322.$$

問1　$\boldsymbol{X} = (X_1, X_2, \ldots, X_n)$ が未知の平均 μ と分散 25 の正規分布からのランダム標本とする．$H_0 : \mu \leq 50$，$H_1 : \mu > 50$ に対して，$\overline{X} > 52$ ならば帰無仮説を棄却するとき，

(i) $n = 4$，(ii) $n = 25$，(iii) $n = 100$ について，

(a) 検定の大きさを求めよ．(b) 検出力関数を求め，そのグラフをかけ．

問2　$\boldsymbol{X} = (X_1, X_2, \ldots, X_n)$ が区間 $(0, \theta)$ の一様分布からのランダム標本とし，$\theta(> 0)$ は未知とする．$X_{(n)} = \max(X_1, X_2, \ldots, X_n)$ とし，$H_0 : \theta \geq 1$，$H_1 : \theta < 1$ に対し次の検定 ϕ の検出力関数を求めよ．またこの検定の大きさを求めよ．

$$\varphi(\boldsymbol{x}) = \begin{cases} 1 & x_{(n)} < 0.7 \\ 0 & x_{(n)} \geq 0.7 \end{cases}$$

6.1.5　p値

与えられたデータの値に対して，帰無仮説を棄却できる最小の有意水準を **p値**（p-value，または，**有意確率**）という．

例 6.3

X が未知の平均 μ と分散 16 の正規分布からのランダム標本とする．ただし，未知の平均は 0 か，7 かのどちらかであるとする．$H_0 : \mu = 0$，$H_1 : \mu = 7$ に対して，棄却域を $C = \{x; x > k\}$ とすると

(i) 検定の大きさが，それぞれ次のときの k の値とタイプ II の誤りの確率と対立仮説に対する検出力を求めよ．

(a) 0.1，(b) 0.05，(c) 0.01

(ii) 実際に観測された値が 5.6 であったとき，有意確率を求めよ．

答

(i) 検出力関数は

$$\beta(\mu) = P_\mu(X \in C) = P_\mu(X > k) = P\left(\frac{X-\mu}{4} > \frac{k-\mu}{4}\right)$$
$$= P\left(Z > \frac{k-\mu}{4}\right) = 1 - \Phi\left(\frac{k-\mu}{4}\right)$$

であり，タイプ II の誤りの確率は

$$1 - \beta(7) = \Phi\left(\frac{k-7}{4}\right).$$

(a) $\beta(0) = 0.1$ より

$$1 - \Phi\left(\frac{k}{4}\right) = 0.1$$
$$\Phi\left(\frac{k}{4}\right) = 0.9$$

標準正規分布表から，$\dfrac{k}{4} = 1.29$ と分かるので，$k = 5.16$ である．またタイプ II の誤りの確率は，標準正規分布表から

$$1 - \beta(7) = \Phi\left(\frac{5.16-7}{4}\right) = 0.323$$

であり，検出力は

$$\beta(7) = 1 - 0.323 = 0.677.$$

(b) $\beta(0) = 0.05$ より

$$1 - \Phi\left(\frac{k}{4}\right) = 0.05$$
$$\Phi\left(\frac{k}{4}\right) = 0.95$$

標準正規分布表から，$\dfrac{k}{4} = 1.64$ と分かるので，$k = 6.56$ である．またタイプ II の誤りの確率は，標準正規分布表から

$$1 - \beta(7) = \Phi\left(\frac{6.56 - 7}{4}\right) = 0.456$$

であり，検出力は

$$\beta(7) = 1 - 0.456 = 0.544.$$

(c) $\beta(0) = 0.01$ より

$$1 - \Phi\left(\frac{k}{4}\right) = 0.01$$

$$\Phi\left(\frac{k}{4}\right) = 0.99$$

標準正規分布表から，$\dfrac{k}{4} = 2.33$ と分かるので，$k = 9.32$ である．またタイプ II の誤りの確率は，標準正規分布表から

$$1 - \beta(7) = \Phi\left(\frac{9.32 - 7}{4}\right) = 0.719$$

であり，検出力は

$$\beta(7) = 1 - 0.719 = 0.281.$$

(ii) 棄却域 $C = \{x; x > 5.6\}$ のときの $\beta(0)$ を求めればよいので

$$p\text{ 値} = 1 - \Phi\left(\frac{5.6 - 0}{4}\right) = 1 - \Phi(1.4) = 0.081.$$

6.1.6　ランダム検定

$\varphi(\boldsymbol{x})$ を，すべての観測値 $\boldsymbol{x} \in \boldsymbol{R}^n$ に対して，区間 $[0,\ 1]$ の値をとる関数とする．観測された値 $\boldsymbol{x}_0$ に対して，確率 $\varphi(\boldsymbol{x}_0)$ で帰無仮説を棄却する検定を，ランダム検定 (randomized test) という．

6.2　一様最強力検定

6.2.1　一様最強力検定

$H_0 : \theta \in \Theta_0$，$H_1 : \theta \in \Theta_1$ をそれぞれ帰無仮説と対立仮説とする．この仮説に対する有意水準 α の検定 φ の検出力関数を $\beta_\varphi(\theta)$ としたとき，有意水準 α の他

のどの検定 φ^* に対して

$$\text{すべての}\theta \in \Theta_1\text{で}, \beta_\varphi(\theta) \geq \beta_{\varphi^*}(\theta)$$

が成り立つとき，φ を有意水準 α の**一様最強力検定**（uniformly most powerful test, **UMP 検定**）という．

特に，ある特定の $\theta_1 \in \Theta_1$ に対して，$\beta_\varphi(\theta_1) \geq \beta_{\varphi^*}(\theta_1)$ が成り立つとき，$\theta = \theta_1$ に対して**最強力検定**（most powerful test, **MP 検定**）という．

6.2.2 ネイマン・ピアソンの補助定理 (Neyman-Pearson lemma)

$\boldsymbol{X} = (X_1, X_2, \ldots, X_n)$ を統計モデル $\{f(x;\theta); \theta \in \Theta\}$ からのランダム標本とする．$f_{\boldsymbol{X}}(\boldsymbol{x};\theta)$ を $\boldsymbol{X}$ の結合確率関数または結合確率密度関数とする．パラメータ空間を $\Theta = \{\theta_1, \theta_0\}$ とし，帰無仮説を $H_0 : \theta = \theta_0$，対立仮説を $H_1 : \theta = \theta_1$ とするとき，次のような検定関数をもつ検定は，有意水準 α の最強力検定である．

(i) $\mathrm{E}_{\theta_0}[\varphi(\boldsymbol{X})] = \alpha$,

(ii) $\varphi(\boldsymbol{x}) = \begin{cases} 1 & f_{\boldsymbol{X}}(\boldsymbol{x};\theta_1) > k f_{\boldsymbol{X}}(\boldsymbol{x};\theta_0) \\ 0 & f_{\boldsymbol{X}}(\boldsymbol{x};\theta_1) < k f_{\boldsymbol{X}}(\boldsymbol{x};\theta_0) \end{cases}$, k は正の定数

例 6.4

$\boldsymbol{X} = (X_1, X_2, \ldots, X_n)$ をパラメータ λ のポアソン分布からのランダム標本とする．単純帰無仮説 $H_0 : \lambda = \lambda_0$ と，単純対立仮説 $H_1 : \lambda = \lambda_1$ の水準 α の MP 検定を求めよ $(\lambda_1 > \lambda_0)$.

答

尤度の比をとると

$$\frac{f_{\boldsymbol{X}}(\boldsymbol{x};\lambda_1)}{f_{\boldsymbol{X}}(\boldsymbol{x};\lambda_0)} = \frac{\prod_i \frac{e^{-\lambda_1}\lambda_1^{x_i}}{x_i!}}{\prod_i \frac{e^{-\lambda_0}\lambda_0^{x_i}}{x_i!}} = \frac{e^{-\lambda_1}\lambda_1^{\sum_i x_i}}{e^{-\lambda_0}\lambda_0^{\sum_i x_i}} = \exp(\lambda_0 - \lambda_1) \times \left(\frac{\lambda_1}{\lambda_0}\right)^{\sum_i x_i}.$$

ネイマン・ピアソンの補助定理より，$t = \sum_i x_i$ とすると，ある定数 k について

$$\exp(\lambda_0 - \lambda_1) \times \left(\frac{\lambda_1}{\lambda_0}\right)^t > k$$

ならば帰無仮説を棄却する検定は，MP 検定となる．ここで，両辺について対数をとることで

$$(\lambda_0 - \lambda_1) + t(\log\lambda_1 - \log\lambda_0) > \log k$$

$$t > \frac{(\lambda_1 - \lambda_0) + \log k}{\log \lambda_1 - \log \lambda_0}.$$

すなわち，$T = \sum_i X_i$ とすると，$P(T > c|H_0) = \alpha$ を満たし，$T > c$ ならば H_0 を棄却する検定を考えればよい．$H_0 : \lambda = \lambda_0$ の下で，T はパラメータ $n\lambda_0$ のポアソン分布に従い，これは離散型分布であるため，実際は

$$P(T > c|\lambda = \lambda_0) + rP(T = c|\lambda = \lambda_0) = \alpha$$

すなわち

$$\sum_{t=c+1}^{\infty} \frac{e^{-n\lambda_0}(n\lambda_0)^t}{t!} + r\frac{e^{-n\lambda_0}(n\lambda_0)^c}{c!} = \alpha$$

を満たす c，r を用いて，$T > c$ ならば H_0 を棄却，$T = c$ ならば確率 r で H_0 を棄却するランダム検定を用いればよい．

例 6.5

$\boldsymbol{X} = (X_1, X_2, \ldots, X_n)$ をパラメータ λ の指数分布からのランダム標本とする．単純帰無仮説 $H_0 : \lambda = \lambda_0$ と，単純対立仮説 $H_1 : \lambda = \lambda_1$ の水準 α の MP 検定を求めよ $(\lambda_1 > \lambda_0)$.

答

尤度の比をとると

$$\frac{f_{\boldsymbol{X}}(\boldsymbol{x};\lambda_1)}{f_{\boldsymbol{X}}(\boldsymbol{x};\lambda_0)} = \frac{\prod_i \exp(-\lambda_1 x_i)}{\prod_i \exp(-\lambda_0 x_i)} = \frac{\left(e^{\sum_i x_i}\right)^{-\lambda_1}}{\left(e^{\sum_i x_i}\right)^{-\lambda_0}} = \left(e^{\sum_i x_i}\right)^{\lambda_0 - \lambda_1}.$$

ネイマン・ピアソンの補助定理より，$t = \sum_i x_i$ とすると，ある定数 k について

$$\left(e^t\right)^{\lambda_0 - \lambda_1} > k$$

ならば帰無仮説を棄却する検定は，MP 検定となる．ここで，両辺について対数をとることで

$$(\lambda_0 - \lambda_1)t > \log k$$
$$t > \frac{\log k}{\lambda_0 - \lambda_1}.$$

すなわち，$T = \sum_i X_i$ とすると，$P(T > c|H_0) = \alpha$ を満たし，$T > c$ ならば H_0 を棄却する検定を考えればよい．$H_0 : \lambda = \lambda_0$ の下で，T はパラメータ n，λ_0

のガンマ分布に従うため

$$P(T > c|\lambda = \lambda_0) = \alpha.$$

すなわち

$$\int_c^\infty \frac{\lambda_0^n}{\Gamma(n)} x^{n-1} e^{-\lambda_0 x} dx = \alpha$$

を満たす c を用いて，$T > c$ ならば H_0 を棄却する検定を用いればよい．

問3　$\boldsymbol{X} = (X_1, X_2, \ldots, X_n)$ を平均 0，分散 σ^2 の正規分布からのランダム標本とする．単純帰無仮説 $H_0 : \sigma^2 = \sigma_0^2$ と，単純対立仮説 $H_1 : \sigma^2 = \sigma_1^2$ の水準 α の MP 検定を求めよ $(\sigma_1^2 > \sigma_0^2)$.

6.2.3　単調尤度比

$f(x;\theta)$ を確率関数または確率密度関数とすると，分布族 $\{f(x;\theta); \theta \in \Theta \subset \boldsymbol{R}\}$ について，$\theta_1, \theta_2 \in \Theta$，$\theta_1 < \theta_2$ ならば，$\dfrac{f(x;\theta_2)}{f(x;\theta_1)}$ がある関数 $T(x)$ の単調増加関数であるならば，その分布族は $T(x)$ に関して**単調尤度比** (monotone likelihood ratio) をもつという．ただし $f(x;\theta_1) = f(x;\theta_2) = 0$ となる x は除き，$f(x;\theta_1) = 0, f(x;\theta_2) > 0$ となる x では，$\dfrac{f(x;\theta_2)}{f(x;\theta_1)} = \infty$ とする．

6.2.4　単調尤度比と一様最強力検定

$\boldsymbol{X} = (X_1, X_2, \ldots, X_n)$ を $T(x)$ に関する単調尤度比をもつ統計モデル $\{f(x;\theta); \theta \in \Theta \subset \boldsymbol{R}\}$ からのランダム標本とする．帰無仮説を $H_0 : \theta \leq \theta_0$，対立仮説を $H_1 : \theta > \theta_0$ とするとき，次の検定関数 φ をもつ検定は，有意水準 α の UMP 検定である．

(i) $E_{\theta_0}[\varphi(\boldsymbol{X})] = \alpha$,

(ii) $\varphi(\boldsymbol{x}) = \begin{cases} 1 & T(\boldsymbol{x}) > c \\ 0 & T(\boldsymbol{x}) < c \end{cases}$,　c は定数

また，この検定の検出力関数は単調増加である．

6.2.5　1 パラメータの指数型分布族と一様最強力検定

$\boldsymbol{X} = (X_1, X_2, \ldots, X_n)$ を，1 パラメータの指数型分布族 $\{f(x;\theta); \theta \in \Theta \subset \boldsymbol{R}\}$ からのランダム標本とする．

$$f(x;\theta) = \exp[Q(\theta)T(x) + d(\theta)]h(x)$$

$Q(\theta)$ が狭義の増加関数のとき，次の検定関数 φ をもつ検定は，帰無仮説 $H_0 : \theta \leq \theta_0$，対立仮説 $H_1 : \theta > \theta_0$ について，有意水準 α の UMP 検定である．

(i) $E_{\theta_0}[\varphi(\boldsymbol{X})] = \alpha$,

(ii) $\varphi(\boldsymbol{x}) = \begin{cases} 1 & \sum_{i=1}^{n} T(x_i) > c \\ 0 & \sum_{i=1}^{n} T(x_i) < c \end{cases}$,　c は定数

また，$Q(\theta)$ が狭義の減少関数のときは，不等号の向きが反対となる．

例 6.6

$\boldsymbol{X} = (X_1, X_2, \ldots, X_n)$ をパラメータ p のベルヌーイ分布からのランダム標本とする．帰無仮説 $H_0 : p \leq p_0$ と，単純対立仮説 $H_1 : p > p_0$ の水準 α の UMP 検定を求めよ．

答

X_i の確率関数は

$$\begin{aligned} f_X(x;p) &= p^x(1-p)^{1-x} \\ &= \exp\left\{x \log \frac{p}{1-p} + \log(1-p)\right\}. \end{aligned}$$

すなわち，1パラメータの指数分布に属し，$\log \dfrac{p}{1-p}$ は p の増加関数である．したがって，UMP 検定は $T = \sum_i X_i > c$ ならば H_0 を棄却する形で与えられる．$H_0 : p = p_0$ の下で，T はパラメータ n，p_0 の二項分布に従うため，実際は

$$P(T > c | p = p_0) + rP(T = c | p = p_0) = \alpha.$$

すなわち

$$\sum_{t=c+1}^{n} \binom{n}{t} p_0^t (1-p_0)^{n-t} + r \binom{n}{c} p_0^c (1-p_0)^{n-c} = \alpha$$

を満たす c，r を用いて，$T > c$ ならば H_0 を棄却，$T = c$ ならば確率 r で H_0 を棄却するランダム検定を用いればよい．

例 6.7

$\boldsymbol{X} = (X_1, X_2, \ldots, X_n)$ を平均 μ，分散 3 の正規分布からの大きさ 27 のランダム標本とする．帰無仮説 $H_0 : \mu \leq 54$ と対立仮説 $H_1 : \mu > 54$ の水準 0.05

の UMP 検定の棄却域を求めよ．また，検出力関数を求めよ．実際の観測値から $\overline{X}=55,\ 57,\ 59,\ 61$ だったときの結論を述べよ．

X_i の確率密度関数は

$$
\begin{aligned}
f_X(x;\mu) &= \frac{1}{\sqrt{2\pi\cdot 3}}\exp\left\{-\frac{(x-\mu)^2}{2\cdot 3}\right\} \\
&= \exp\left\{-\frac{1}{6}(x^2-2\mu x+\mu^2)-\frac{1}{2}\log(6\pi)\right\} \\
&= \exp\left\{\frac{\mu}{3}x-\frac{\mu^2}{6}-\frac{1}{2}\log 6\pi\right\}\exp\left(-\frac{x^2}{6}\right).
\end{aligned}
$$

すなわち，1 パラメータの指数分布に属し，$\dfrac{\mu}{3}$ は μ の増加関数である．したがって，UMP 検定は $T=\sum_i X_i > c$ ならば H_0 を棄却する形で与えられる．ここで，$d=\dfrac{c}{n}$ とおくことで，$\overline{X}=\dfrac{T}{n}>d$ ならば H_0 を棄却する形で与えることもできる．$\mu=54$ の下で，$\overline{X}$ は平均 54，分散 $\dfrac{3}{27}$ の正規分布に従い

$$
\begin{aligned}
\mathrm{E}\{\varphi(\boldsymbol{X})\} &= P(\overline{X}>d|\mu=54) \\
&= P\left(Z>\frac{d-54}{\sqrt{\frac{3}{27}}}\right) \\
&= 1-\Phi\{3(d-54)\}.
\end{aligned}
$$

ただし，Φ は標準正規分布の分布関数を表す．$1-\Phi\{3(d-54)\}=0.05$ より，標準正規分布表から $3(d-54)=1.64$ と分かるので，$d=54.55$ である．したがって，棄却域は

$$\{\boldsymbol{x};\overline{x}>54.55\}.$$

また，検出力関数は

$$
\begin{aligned}
\beta(\mu) &= P_\mu\{\varphi(\boldsymbol{X})=1\} \\
&= P(\overline{X}>54.55) \\
&= P\left(Z>\frac{54.55-\mu}{\sqrt{\frac{3}{27}}}\right) \\
&= 1-\Phi\left\{3(54.55-\mu)\right\}.
\end{aligned}
$$

$\overline{X} = 55, 57, 59, 61$ のすべての場合において棄却域に含まれるため，H_0 は棄却され，平均は54より大きいと判断される．

問4　$\boldsymbol{X} = (X_1, X_2, \ldots, X_n)$ を平均0，分散 σ^2 の正規分布からのランダム標本とする．帰無仮説 $H_0 : \sigma^2 \leq \sigma_0^2$ と，対立仮説 $H_1 : \sigma^2 > \sigma_0^2$ の水準 α のUMP検定を求めよ．

問5　$\boldsymbol{X} = (X_1, X_2, \ldots, X_n)$ をパラメータ α，$\dfrac{1}{\theta}$ のガンマ分布からのランダム標本とする．α が既知のとき，帰無仮説 $H_0 : \theta \geq \theta_0$ と対立仮説 $H_1 : \theta < \theta_0$ の水準 α のUMP検定を求めよ．

問6　$\boldsymbol{X} = (X_1, X_2, \ldots, X_n)$ を平均0，分散 σ^2 の正規分布からの大きさ20のランダム標本とする．帰無仮説 $H_0 : \sigma^2 \leq 80$ と，対立仮説 $H_1 : \sigma^2 > 80$ の水準0.05のUMP検定の棄却域を求めよ．また，検出力関数を求めよ．実際の観測値から $\sum_{i=1}^n x_i^2 = 910$ であったとすると，結論を述べよ．

6.2.6　不偏検定

帰無仮説 $H_0 : \theta \in \Theta_0$，対立仮説 $H_1 : \theta \in \Theta_1$ の検定 φ で

$$\text{すべての}\theta \in \Theta_0\text{で}, \beta_\varphi(\theta) \leq \alpha,\ \text{すべての}\theta \in \Theta_1\text{で}, \beta_\varphi(\theta) \geq \alpha$$

であるものを，有意水準 α の**不偏検定** (unbiased test) という．

特に，すべての有意水準 α の不偏検定の中で，すべての $\theta \in \Theta_1$ に対して，検出力が最大になるものを，有意水準 α の**一様最強力不偏検定**（uniformly most powerful unbiased test, **UMP不偏検定**）と呼ぶ．

6.2.7　1パラメータの指数型分布族と一様最強力不偏検定

$\boldsymbol{X} = (X_1, X_2, \ldots, X_n)$ を，1パラメータの指数型分布族 $\{f(x;\theta); \theta \in \Theta \subset \boldsymbol{R}\}$ からのランダム標本とする．

$$f(x;\theta) = \exp[Q(\theta)T(x) + d(\theta)]h(x)$$

$Q(\theta)$ が狭義の増加関数のとき，次の検定関数 φ をもつ検定は，帰無仮説 $H_0 : \theta = \theta_0$，対立仮説 $H_1 : \theta \neq \theta_0$ について，有意水準 α のUMP不偏検定である．

(i) $E_{\theta_0}[\varphi(\boldsymbol{X})] = \alpha$,

(ii) $E_{\theta_0}\left[\sum_{i=1}^{n} T(X_i)\varphi(\boldsymbol{X})\right] = E_{\theta_0}\left[\sum_{i=1}^{n} T(X_i)\right]\alpha,$

(iii) $\varphi(\boldsymbol{x}) = \begin{cases} 1 & \displaystyle\sum_{i=1}^{n} T(x_i) < c_1 \text{または} \sum_{i=1}^{n} T(x_i) > c_2 \\ 0 & \displaystyle c_1 < \sum_{i=1}^{n} T(x_i) < c_2 \end{cases}$, c_1, c_2は定数

例 6.8

$\boldsymbol{X} = (X_1, X_2, \ldots, X_n)$を平均0, 分散$\sigma^2$の正規分布からのランダム標本とする. 帰無仮説$H_0 : \sigma^2 = \sigma_0^2$と, 対立仮説$H_1 : \sigma^2 \neq \sigma_0^2$の水準$\alpha$のUMP不偏検定を求めよ.

X_iの確率密度関数は

$$f_X(x;\sigma^2) = \frac{1}{\sqrt{2\pi\sigma^2}}\exp\left(-\frac{x^2}{2\sigma^2}\right)$$
$$= \exp\left\{-\frac{1}{2\sigma^2}x^2 - \frac{1}{2}\log(2\pi\sigma^2)\right\}.$$

すなわち, 1パラメータの指数分布に属し, $-\dfrac{1}{2\sigma^2}$はσ^2の増加関数である. したがって, UMP不偏検定は$T = \sum_i X_i^2 < c_1$または$T > c_2$ならばH_0を棄却する形で与えられる. ここで, $d_1 = \dfrac{c_1}{\sigma_0^2}$, $d_2 = \dfrac{c_2}{\sigma_0^2}$とおくことで, $U_n = \dfrac{T}{\sigma_0^2} < d_1$または$U_n > d_2$ならば$H_0$を棄却する形で与えることもできる. $H_0 : \sigma^2 = \sigma_0^2$の下で, U_nは自由度nのカイ二乗分布に従い, $\mathrm{E}_{\sigma_0^2}\{\varphi(\boldsymbol{X})\} = \alpha$より

$$P(U_n < d_1) + P(U_n > d_2) = \alpha$$
$$\int_{-\infty}^{d_1} f_{U_n}(u)du + \int_{d_2}^{\infty} f_{U_n}(u)du = \alpha \tag{6.1}$$

及び, $\mathrm{E}_{\sigma_0^2}\{T\varphi(\boldsymbol{X})\} = \mathrm{E}(T)\alpha$より

$$\int_{-\infty}^{d_1} tf_{U_n}(u)du + \int_{d_2}^{\infty} tf_{U_n}(u)du = \sigma_0^2\mathrm{E}(U_n)\alpha$$
$$\sigma_0^2\int_{-\infty}^{d_1} uf_{U_n}(u)du + \sigma_0^2\int_{d_2}^{\infty} uf_{U_n}(u)du = \sigma_0^2 n\alpha \tag{6.2}$$

を満たす検定を考える．ここで

$$
\begin{aligned}
nf_{U_{n+2}}(u) &= n\frac{1}{2^{\frac{n+2}{2}}\Gamma\left(\frac{n+2}{2}\right)}u^{\frac{n+2}{2}-1}e^{-\frac{u}{2}} \\
&= \frac{n}{2}\frac{2}{n}u\frac{1}{2^{\frac{n}{2}}\Gamma\left(\frac{n}{2}\right)}u^{\frac{n}{2}-1}e^{-\frac{u}{2}} \\
&= uf_{U_n}(u)
\end{aligned}
$$

を用いて，式 (6.2) は

$$
\int_{-\infty}^{d_1} f_{U_{n+2}}(u)du + \int_{d_2}^{\infty} f_{U_{n+2}}(u)du = \alpha \tag{6.3}
$$

となる．したがって，式 (6.1) と (6.3) を満たす d_1，d_2 を用いて，UMP 不偏検定を行うことができる．

6.3　尤度比検定

6.3.1　尤度比検定

$\boldsymbol{X} = (X_1, X_2, \ldots, X_n)$ を，統計モデル $\{f(x;\theta); \theta \in \Theta \subset \boldsymbol{R}\}$ からのランダム標本とする．$f(x;\theta)$ は，確率関数または確率密度関数である．帰無仮説 $H_0 : \theta \in \Theta_0$，対立仮説 $H_1 : \theta \in \Theta_1$ の検定を考える．

尤度関数 $L(\theta; \boldsymbol{x})$ を用いて，**尤度比** (likelihood ratio) は以下で定義される．

$$
\lambda(\boldsymbol{x}) = \frac{\sup_{\theta\in\Theta_0} L(\theta;\boldsymbol{x})}{\sup_{\theta\in\Theta} L(\theta;\boldsymbol{x})}
$$

尤度比を用いて，$\lambda(\boldsymbol{x}) < c$ ならば帰無仮説を棄却する，という検定を**尤度比検定** (likelihood ratio test) という．ここで，定数 c は検定の有意水準により，$\sup_{\theta\in\Theta_0} P_\theta[\lambda(\boldsymbol{X}) < c] = \alpha$ を満たすように与えられる．

例 6.9

$\boldsymbol{X} = (X_1, X_2, \ldots, X_n)$ を未知の平均 μ，未知の分散 σ^2 の正規分布からのランダム標本とする．帰無仮説 $H_0 : \sigma^2 \leq \sigma_0^2$ と対立仮説 $H_1 : \sigma^2 > \sigma_0^2$ の水準 α の尤度比検定を求めよ．

尤度関数は

$$L(\mu, \sigma^2; \boldsymbol{x}) = \prod_i \frac{1}{\sqrt{2\pi\sigma^2}} \exp\left\{-\frac{(x_i - \mu)^2}{2\sigma^2}\right\}.$$

μ の MLE は，全パラメータ空間上でも H_0 の下でも $\hat{\mu} = \overline{X}$ である．

一方，σ^2 の MLE は，全パラメータ空間上で $\hat{\sigma}^2 = \dfrac{1}{n}\sum_i (X_i - \overline{X})^2$ である．$H_0 : \sigma^2 \leq \sigma_0^2$ の下では，場合分けをして考える．

$\hat{\sigma}^2 < \sigma_0^2$ の場合は，全パラメータ空間上での MLE と同じであるため，尤度関数を最大化する値は $\hat{\sigma}^2$ であり，尤度比は $\lambda(\boldsymbol{x}) = 1$ となる．

$\hat{\sigma}^2 \geq \sigma_0^2$ の場合は

$$\frac{\partial}{\partial \sigma^2} \log L(\mu, \sigma^2; \boldsymbol{x}) = \frac{1}{2\sigma^4} \sum_i \left\{(x_i - \mu)^2 - \sigma^2\right\}$$

であり，$\sum_i (x_i - \mu)^2 > \sum_i (x_i - \overline{x})^2 = n\hat{\sigma}^2$ が $\overline{x} \neq \mu$ で常に成り立つため，$\sigma^2 < \hat{\sigma}^2$ では常に正となる．すなわち，$\sigma^2 \leq \sigma_0^2$ では対数尤度は増加関数であり，尤度関数を最大化する値は σ_0^2 となる．したがって尤度比は

$$\begin{aligned}
\lambda(\boldsymbol{x}) &= \frac{\prod_i \frac{1}{\sqrt{2\pi\sigma_0^2}} \exp\left\{-\frac{(x_i - \hat{\mu})^2}{2\sigma_0^2}\right\}}{\prod_i \frac{1}{\sqrt{2\pi\hat{\sigma}^2}} \exp\left\{-\frac{(x_i - \hat{\mu})^2}{2\hat{\sigma}^2}\right\}} \\
&= \left(\frac{\hat{\sigma}^2}{\sigma_0^2}\right)^{\frac{n}{2}} \exp\left\{\frac{\sum_i (x_i - \hat{\mu})^2}{2\hat{\sigma}^2} - \frac{\sum_i (x_i - \hat{\mu})^2}{2\sigma_0^2}\right\} \\
&= \left(\frac{\hat{\sigma}^2}{\sigma_0^2}\right)^{\frac{n}{2}} \exp\left\{\frac{n}{2}\left(1 - \frac{\hat{\sigma}^2}{\sigma_0^2}\right)\right\}.
\end{aligned}$$

$\hat{\sigma}^2 \geq \sigma_0^2$ より，$t(\boldsymbol{x}) = \left(\dfrac{\hat{\sigma}^2}{\sigma_0^2}\right) \geq 1$ なので

$$\frac{d\lambda(\boldsymbol{x})}{dt(\boldsymbol{x})} = \frac{n}{2}\left\{t(\boldsymbol{x})^{\frac{n}{2}-1} - t(\boldsymbol{x})^{\frac{n}{2}}\right\} \exp\left\{\frac{n}{2}(1 - t(\boldsymbol{x}))\right\} < 0.$$

すなわち，$\lambda(\boldsymbol{x})$ は $t(\boldsymbol{x})$ の減少関数であるため，$\lambda(\boldsymbol{x}) < c$ ならば H_0 を棄却する検定は，$t(\boldsymbol{x}) > c'$ ならば H_0 を棄却する検定と同じである．ここで $nt(\boldsymbol{X}) = \dfrac{\sum_i (X_i - \overline{X})^2}{\sigma_0^2}$ は $\sigma^2 = \sigma_0^2$ の下で自由度 $n-1$ の χ^2 分布に従い，$\chi^2_{n-1,\alpha}$ を自

由度 $n-1$ の χ^2 分布の上側 α% 点とすると

$$P\left\{nt(\boldsymbol{X}) > \chi^2_{n-1,\alpha} | H_0\right\} \leq \alpha$$

を満たす．したがって，水準 α の尤度比検定の棄却域は

$$\left\{\boldsymbol{x}; \frac{\sum_i (x_i - \overline{x})^2}{\sigma_0^2} > \chi^2_{n-1,\alpha}\right\}.$$

例 6.10

$\boldsymbol{X} = (X_1, X_2, \ldots, X_n)$ をパラメータ p のベルヌーイ分布からのランダム標本とする．帰無仮説 $H_0 : p \leq p_0$ と対立仮説 $H_1 : p > p_0$ の水準 α の尤度比検定を求めよ．

答

尤度関数は

$$L(p; \boldsymbol{x}) = \prod_i p^{x_i}(1-p)^{1-x_i}.$$

対数尤度関数は

$$\log L(p; \boldsymbol{x}) = \sum_i x_i \log p + \sum_i (1-x_i)\log(1-p)$$

である．p の MLE は，$\hat{p} = \overline{X}$ である．$H_0 : p \leq p_0$ の下では，場合分けをして考える．

$\hat{p} < p_0$ の場合は，全パラメータ空間上での MLE と同じであるため，尤度関数を最大化する値は $\hat{p}$ であり，尤度比は $\lambda(\boldsymbol{x}) = 1$ となる．

$\hat{p} \geq p_0$ の場合は

$$\frac{d}{dp}\log L(p; \boldsymbol{x}) = \frac{1}{1-p}\left(\frac{1}{p}\sum_i x_i - n\right)$$

であり，$p < \hat{p}$ より

$$\frac{1}{p}\sum_i x_i - n > \frac{1}{\hat{p}}\sum_i x_i - n = 0$$

なので，常に正となる．すなわち，$p \leq p_0$ では対数尤度は増加関数であり，尤度関数を最大化する値は p_0 となる．したがって尤度比は

$$\lambda(\boldsymbol{x}) = \frac{\prod_i p_0^{x_i}(1-p_0)^{1-x_i}}{\prod_i \hat{p}^{x_i}(1-\hat{p})^{1-x_i}}$$

$$= \frac{p_0^{\sum_i x_i}(1-p_0)^{n-\sum_i x_i}}{\left(\frac{\sum_i x_i}{n}\right)^{\sum_i x_i}\left(1-\frac{\sum_i x_i}{n}\right)^{n-\sum_i x_i}}$$

$$= \left(\frac{np_0}{\sum_i x_i}\right)^{\sum_i x_i}\left(\frac{n-np_0}{n-\sum_i x_i}\right)^{n-\sum_i x_i}.$$

$t(\boldsymbol{x})=\sum_i x_i$ とすると，$\hat{p}=\frac{1}{n}t(\boldsymbol{x})\geq p_0$ より，$t(\boldsymbol{x})\geq np_0$ である．$\left(\frac{np_0}{t(\boldsymbol{x})}\right)\leq 1$ より，$\left(\frac{np_0}{t(\boldsymbol{x})}\right)^{t(\boldsymbol{x})}$ は $t(\boldsymbol{x})$ の減少関数であり，$\left(\frac{n-np_0}{n-t(\boldsymbol{x})}\right)\geq 1$ より，$\left(\frac{n-np_0}{n-t(\boldsymbol{x})}\right)^{n-t(\boldsymbol{x})}$ も $t(\boldsymbol{x})$ の減少関数である．すなわち，$\lambda(\boldsymbol{x})$ は $t(\boldsymbol{x})$ の減少関数であるため，$\lambda(\boldsymbol{x})<c$ ならば H_0 を棄却する検定は，$t(\boldsymbol{x})>c'$ ならば H_0 を棄却する検定と同じである．ここで $t(\boldsymbol{X})$ は $p=p_0$ の下でパラメータ n，p_0 の二項分布に従い

$$P\{t(\boldsymbol{X})>k|H_0\}\leq\alpha$$

を満たす点 k を用いることで，水準 α の尤度比検定の棄却域は

$$\left\{\boldsymbol{x};\sum_i x_i>k\right\}.$$

例 6.11

$\boldsymbol{X}=(X_1,X_2,\ldots,X_n)$ を未知の平均 μ_1，未知の分散 σ^2 の正規分布からのランダム標本，$\boldsymbol{Y}=(Y_1,Y_2,\ldots,Y_m)$ を未知の平均 μ_2，未知の分散 σ^2 の正規分布からのランダム標本とする．2つの標本は互いに独立であるとする．帰無仮説 $H_0:\mu_1=\mu_2$，対立仮説 $H_0:\mu_1\neq\mu_2$ の水準 α の尤度比検定を求めよ．また，検出力関数を求めよ．

尤度関数は

$$L(\mu_1,\mu_2,\sigma^2;\boldsymbol{x},\boldsymbol{y})=\prod_{i=1}^{n}\frac{1}{\sqrt{2\pi\sigma^2}}\exp\left\{-\frac{(x_i-\mu_1)^2}{2\sigma^2}\right\}$$

$$\times\prod_{j=1}^{m}\frac{1}{\sqrt{2\pi\sigma^2}}\exp\left\{-\frac{(y_j-\mu_2)^2}{2\sigma^2}\right\}.$$

対数尤度関数は

$$\log L(\mu_1,\mu_2,\sigma^2;\boldsymbol{x},\boldsymbol{y}) = -\frac{n+m}{2}\log(2\pi) - \frac{n+m}{2}\log\sigma^2 - \frac{\sum_{i=1}^n (x_i-\mu_1)^2 + \sum_{j=1}^m (y_j-\mu_2)^2}{2\sigma^2}$$

であり，(μ_1,μ_2,σ^2) の MLE は

$$\hat{\mu}_1 = \overline{X}, \quad \hat{\mu}_2 = \overline{Y}, \quad \hat{\sigma}^2 = \frac{\sum_{i=1}^n (X_i-\overline{X})^2 + \sum_{j=1}^m (Y_j-\overline{Y})^2}{n+m}$$

である．

$H_0 : \mu_1 = \mu_2 = \mu$ の下では

$$\hat{\mu}_0 = \frac{1}{n+m}\left(\sum_i X_i + \sum_j Y_j\right) = \frac{1}{n+m}\left(n\overline{X} + m\overline{Y}\right),$$
$$\hat{\sigma}_0^2 = \frac{\sum_{i=1}^n (X_i-\hat{\mu}_0)^2 + \sum_{j=1}^m (Y_j-\hat{\mu}_0)^2}{n+m}$$

となる．尤度比は

$$\lambda(\boldsymbol{x},\boldsymbol{y}) = \frac{(2\pi)^{-\frac{n+m}{2}}(\hat{\sigma}_0^2)^{-\frac{n+m}{2}}\exp\left\{-\frac{\sum_i (x_i-\hat{\mu}_0)^2}{2\hat{\sigma}_0^2}\right\}\exp\left\{-\frac{\sum_j (y_j-\hat{\mu}_0)^2}{2\hat{\sigma}_0^2}\right\}}{(2\pi)^{-\frac{n+m}{2}}(\hat{\sigma}^2)^{-\frac{n+m}{2}}\exp\left\{-\frac{\sum_i (x_i-\hat{\mu}_1)^2}{2\hat{\sigma}^2}\right\}\exp\left\{-\frac{\sum_j (y_j-\hat{\mu}_2)^2}{2\hat{\sigma}^2}\right\}}$$
$$= \left(\frac{\hat{\sigma}_0^2}{\hat{\sigma}^2}\right)^{-\frac{n+m}{2}} \frac{\exp\left(-\frac{n+m}{2}\right)}{\exp\left(-\frac{n+m}{2}\right)}$$
$$= \left\{\frac{\sum_i (x_i-\hat{\mu}_0)^2 + \sum_j (y_j-\hat{\mu}_0)^2}{\sum_i (x_i-\overline{x})^2 + \sum_j (y_j-\overline{y})^2}\right\}^{-\frac{n+m}{2}}.$$

ここで

$$\sum_i (x_i-\hat{\mu}_0)^2 = \sum_i \{(x_i-\overline{x}) - \hat{\mu}_0 + \overline{x}\}^2$$
$$= \sum_i (x_i-\overline{x})^2 + n(\overline{x}-\hat{\mu}_0)^2.$$

同様に

$$\sum_j (y_j - \hat{\mu}_0)^2 = \sum_j (y_j - \overline{y})^2 + m(\overline{y} - \hat{\mu}_0)^2$$

を用いることで

$$\lambda(\boldsymbol{x}, \boldsymbol{y}) = \left\{ 1 + \frac{n(\overline{x} - \hat{\mu}_0)^2 + m(\overline{y} - \hat{\mu}_0)^2}{\sum_i (x_i - \overline{x})^2 + \sum_j (y_j - \overline{y})^2} \right\}^{-\frac{n+m}{2}}.$$

さらに

$$\begin{aligned} n(\overline{x} - \hat{\mu}_0)^2 + m(\overline{y} - \hat{\mu}_0)^2 &= n \left\{ \frac{m}{n+m} (\overline{x} - \overline{y})^2 \right\}^2 + m \left\{ \frac{n}{n+m} (\overline{y} - \overline{x})^2 \right\}^2 \\ &= \frac{nm}{(n+m)^2} \left\{ m(\overline{x} - \overline{y})^2 + n(\overline{y} - \overline{x})^2 \right\} \\ &= \frac{nm}{n+m} (\overline{x} - \overline{y})^2 \end{aligned}$$

を用いることで

$$\begin{aligned} \lambda(\boldsymbol{x}, \boldsymbol{y}) &= \left\{ 1 + \frac{(\overline{x} - \overline{y})^2}{\left(\frac{1}{n} + \frac{1}{m}\right) \left\{ \sum_i (x_i - \overline{x})^2 + \sum_j (y_j - \overline{y})^2 \right\}} \right\}^{-\frac{n+m}{2}} \\ &= \left\{ 1 + \frac{1}{n+m-2} \frac{(\overline{x} - \overline{y})^2}{s_p^2 \left(\frac{1}{n} + \frac{1}{m}\right)} \right\}^{-\frac{n+m}{2}}. \end{aligned}$$

ただし，$s_p^2 = \dfrac{1}{n+m-2} \left\{ \sum_i (x_i - \overline{x})^2 + \sum_j (y_j - \overline{y})^2 \right\}$ である．

$t(\boldsymbol{x}, \boldsymbol{y}) = \dfrac{\overline{x} - \overline{y}}{s_p \sqrt{\frac{1}{n} + \frac{1}{m}}}$ とすると，$\lambda(\boldsymbol{x}, \boldsymbol{y})$ は $|t(\boldsymbol{x}, \boldsymbol{y})|$ の減少関数であるため，$\lambda(\boldsymbol{x}, \boldsymbol{y}) < c$ ならば H_0 を棄却する検定は，$|t(\boldsymbol{x}, \boldsymbol{y})| > c'$ ならば H_0 を棄却する検定と同じである．ここで $t(\boldsymbol{X}, \boldsymbol{Y})$ は $\mu_1 = \mu_2$ の下で自由度 $n+m-2$ の t 分布に従い，$t_{n+m-2, \frac{\alpha}{2}}$ を自由度 $n+m-2$ の t 分布の上側 $\frac{\alpha}{2}$% 点とすると

$$P\left\{ -t_{n+m-2, \frac{\alpha}{2}} < t(\boldsymbol{X}, \boldsymbol{Y}) < t_{n+m-2, \frac{\alpha}{2}} | H_0 \right\} = \alpha$$

を満たす．したがって，水準 α の尤度比検定の棄却域は

$$\left\{ (\boldsymbol{x}, \boldsymbol{y}); \left| \frac{\overline{x} - \overline{y}}{s_p \sqrt{\frac{1}{n} + \frac{1}{m}}} \right| > t_{n+m-2, \frac{\alpha}{2}} \right\}.$$

また，$H_1 : \mu_1 \neq \mu_2$ の下では，$\dfrac{\overline{X} - \overline{Y}}{\sqrt{\left(\frac{1}{n} + \frac{1}{m}\right)\sigma^2}}$ は平均 $\dfrac{\mu_1 - \mu_2}{\sqrt{\left(\frac{1}{n} + \frac{1}{m}\right)\sigma^2}}$，分散1の正規分布に従い，$\dfrac{n+m-2}{\sigma^2} S_p^2$ は自由度 $n+m-2$ の χ^2 分布に従う．したがって，$t(\boldsymbol{X}, \boldsymbol{Y})$ は非心度 $\delta = \dfrac{\mu_1 - \mu_2}{\sqrt{\left(\frac{1}{n} + \frac{1}{m}\right)\sigma^2}}$，自由度 $n+m-2$ の非心 t 分布に従うため，検出関数は

$$\beta(\mu_1, \mu_2, \sigma^2) = P\left(|t_{n+m-2}(\delta)| > t_{n+m-2, \frac{\alpha}{2}}\right).$$

例 6.12

$\boldsymbol{X} = (X_1, X_2, \ldots, X_{25})$ を未知の平均 μ, 未知の分散 σ^2 の正規分布からの大きさ25のランダム標本とする．帰無仮説 $H_0 : \mu = 17$ と，対立仮説 $H_1 : \mu \neq 17$ の水準0.05の尤度比検定を求めよ．実際に観測値から $\overline{x} = 16.4$, $\sum_{i=1}^{25}(x_i - \overline{x})^2 = 57.6$ のとき，結論を述べよ．また水準を0.1，0.01とした場合の結論を述べよ．

答

尤度関数は

$$L(\mu, \sigma^2; \boldsymbol{x}) = \prod_i \frac{1}{\sqrt{2\pi\sigma^2}} \exp\left\{-\frac{(x_i - \mu)^2}{2\sigma^2}\right\}$$

であり，最尤推定量は $\hat{\mu} = \overline{X}$，$\hat{\sigma}^2 = \dfrac{1}{n}\sum_i (X_i - \overline{X})^2$ である．また $H_0 : \mu = 17$ の下では，$\hat{\mu}_0 = 17$，$\hat{\sigma}_0^2 = \dfrac{1}{n}\sum_i (X_i - \hat{\mu}_0)^2$ である．

尤度比は

$$\lambda(\boldsymbol{x}) = \frac{\prod_i \frac{1}{\sqrt{2\pi\hat{\sigma}_0^2}} \exp\left\{-\frac{(x_i - \hat{\mu}_0)^2}{2\hat{\sigma}_0^2}\right\}}{\prod_i \frac{1}{\sqrt{2\pi\hat{\sigma}^2}} \exp\left\{-\frac{(x_i - \hat{\mu})^2}{2\hat{\sigma}^2}\right\}} = \frac{\frac{1}{(2\pi)^{\frac{n}{2}}\hat{\sigma}_0^n} \exp\left(-\frac{n}{2}\right)}{\frac{1}{(2\pi)^{\frac{n}{2}}\hat{\sigma}^n} \exp\left(-\frac{n}{2}\right)}$$

$$= \left\{\frac{\sum_i (x_i - \bar{x})^2}{\sum_i (x_i - \hat{\mu}_0)^2}\right\}^{\frac{n}{2}} = \left\{\frac{1}{1 + \frac{\sum_i \{(x_i - \bar{x}) + (\bar{x} - \mu_0)\}^2}{\sum_i (x_i - \bar{x})^2}}\right\}^{\frac{n}{2}}$$

$$= \left\{ \frac{1}{1 + \frac{n(\bar{x} - \mu_0)^2}{\sum_i (x_i - \bar{x})^2}} \right\}^{\frac{n}{2}}.$$

ここで $t(\boldsymbol{x}) = \dfrac{\sqrt{n}(\overline{x} - \mu_0)}{\sqrt{\sum_i \frac{(x_i - \bar{x})^2}{n-1}}}$ とすると，$\lambda(\boldsymbol{x})$ は $|t(\boldsymbol{x})|$ の減少関数であるため，$\lambda(\boldsymbol{x}) < c$ ならば H_0 を棄却する検定は，$|t(\boldsymbol{x})| > c'$ ならば H_0 を棄却する検定と同じである．$t(\boldsymbol{X})$ は $\mu = \mu_0$ の下で自由度 $n-1$ の t 分布に従うので，$t_{n-1,\alpha}$ を自由度 $n-1$ の t 分布の上側 α% 点とすると

$$P(|t(\boldsymbol{X})| > t_{n-1,\frac{\alpha}{2}} | H_0) \leq \alpha$$

を満たす．したがって，水準 α の尤度比検定の棄却域は

$$\left\{ \boldsymbol{x}; \left| \frac{\sqrt{n}(\bar{x} - \mu_0)}{\sqrt{\sum_i \frac{(x_i - \overline{x})^2}{n-1}}} \right| > t_{n-1,\frac{\alpha}{2}} \right\}.$$

今回の観測値を代入すると，$t(\boldsymbol{x}) = \dfrac{\sqrt{25}(16.4 - 17)}{\frac{57.6}{25-1}} = -1.94$ であり，
$\alpha = 0.05$ の場合，$t_{24,0.025} = 2.064$ より，$|-1.94| < 2.064$ なので H_0 は棄却されず，平均は 17 と異なっているとはいえない．
$\alpha = 0.10$ の場合，$t_{24,0.05} = 1.711$ より，$|-1.94| > 1.711$ なので H_0 は棄却され，平均は 17 とは異なると判断される．
$\alpha = 0.01$ の場合，$t_{24,0.005} = 2.797$ より，$|-1.94| < 2.797$ なので H_0 は棄却されず，平均は 17 と異なっているとはいえない．

問 7　$\boldsymbol{X} = (X_1, X_2, \ldots, X_n)$ を未知の平均 μ_1，未知の分散 σ_1^2 の正規分布からのランダム標本，$\boldsymbol{Y} = (Y_1, Y_2, \ldots, Y_m)$ を未知の平均 μ_2，未知の分散 σ_2^2 の正規分布からのランダム標本とし，標本は互いに独立であるとする．帰無仮説 $H_0 : \sigma_1^2 = \sigma_2^2$ と，対立仮説 $H_1 : \sigma_1^2 \neq \sigma_2^2$ の水準 α の尤度比検定を求めよ．また，検出力関数を求めよ．

6.4 仮説検定と信頼区間

6.4.1 仮説検定と信頼区間

$S(\boldsymbol{X})$ を，θ の信頼水準 $100(1-\alpha)\%$ の信頼領域とする．関数 $\gamma_\theta(\boldsymbol{X})$ を以下で定義する．

$$\gamma_\theta(\boldsymbol{X}) = \begin{cases} 1 & \theta \in S(\boldsymbol{X}) \\ 0 & \theta \notin S(\boldsymbol{X}) \end{cases}$$

このとき，$\gamma_{\theta_0}(\boldsymbol{X})$ は，帰無仮説 $H_0 : \theta = \theta_0$ についての有意水準 α の検定となる．

反対に，$A(\theta_0)$ を，帰無仮説 $H_0 : \theta = \theta_0$ についての有意水準 α の検定の採択域とし，集合 S を以下で定義する．

$$S(\boldsymbol{x}) = \{\theta_0 \in \Theta; \boldsymbol{x} \in A(\theta_0)\}$$

このとき，$S(\boldsymbol{X})$ は θ の信頼水準 $100(1-\alpha)\%$ の信頼領域となる．

6.4.2 正規母集団の平均についての検定

$\boldsymbol{X} = (X_1, X_2, \ldots, X_n)$ を平均 μ，分散 σ^2 の正規分布からのランダム標本とする．

(i) 分散 σ^2 が既知の場合：

仮説	$H_0 : \mu \leq \mu_0$ $H_1 : \mu > \mu_0$	$H_0 : \mu \geq \mu_0$ $H_1 : \mu < \mu_0$	$H_0 : \mu = \mu_0$ $H_1 : \mu \neq \mu_0$
H_0を棄却	$Z(\boldsymbol{X}) > z_\alpha$	$Z(\boldsymbol{X}) < -z_\alpha$	$\|Z(\boldsymbol{X})\| > z_{\frac{\alpha}{2}}$

ただし，$Z(\boldsymbol{X}) = \dfrac{\overline{X} - \mu_0}{\sigma/\sqrt{n}}$ は検定統計量，z_α は標準正規分布の上側 100α パーセント点を表す．

(ii) 分散 σ^2 が未知の場合：

仮説	$H_0 : \mu \leq \mu_0$ $H_1 : \mu > \mu_0$	$H_0 : \mu \geq \mu_0$ $H_1 : \mu < \mu_0$	$H_0 : \mu = \mu_0$ $H_1 : \mu \neq \mu_0$
H_0を棄却	$T(\boldsymbol{X}) > t_{n-1,\alpha}$	$T(\boldsymbol{X}) < -t_{n-1,\alpha}$	$\|T(\boldsymbol{X})\| > t_{n-1,\frac{\alpha}{2}}$

ただし，$T(\boldsymbol{X}) = \dfrac{\overline{X} - \mu_0}{U/\sqrt{n}}$ は検定統計量，U は不偏標本標準偏差，$t_{n-1,\alpha}$ は，自由度 $n-1$ の t 分布の上側 100α パーセント点を表す．

例 6.13

$\boldsymbol{X} = (X_1, X_2, \ldots, X_{25})$ を未知の平均 μ，未知の分散 σ^2 の正規分布からの大きさ 25 のランダム標本とする．$\overline{x} = 11.9$，$\displaystyle\sum_{i=1}^{25}(x_i - \overline{x})^2 = 372$ であるとき，帰無仮説 $H_0 : \mu = 10$ と対立仮説 $H_1 : \mu \neq 10$ の水準 0.05 の検定を行い，結論を述べよ．このときの有意確率を求めよ．また，μ についての 95% 信頼区間を求めよ．

答

正規母集団の平均についての検定を考える．不偏標本分散の値は $u^2 = \dfrac{1}{25-1}\sum_i(x_i - \overline{x})^2 = \dfrac{31}{2}$ であり，検定統計量の値は

$$t = \frac{\overline{x} - \mu_0}{u/\sqrt{n}} = \frac{\sqrt{25}(11.9 - 10)}{\sqrt{31/2}} = 2.413.$$

また，t 分布表より，$t_{25-1, \frac{0.05}{2}} = 2.064$ である．したがって，$|t| > t_{24, 0.025}$ より H_0 は棄却され，平均は 10 とは異なると判断される．

有意確率について，t 分布表から $t_{24,0.025} = 2.064$，$t_{24,0.01} = 2.492$ と分かるので

$$t_{24, \frac{0.05}{2}} < |t| < t_{24, \frac{0.02}{2}}$$

を満たす．したがって，$0.02 < p$ 値 < 0.05 である．また，計算機を用いることで，T_{24} を自由度 24 の t 分布に従う確率変数としたとき，$P(T_{24} > 2.413) = 0.012$ と分かるので

$$p\,値 = 2P(T_{25-1} > |t|) = 2P(T_{24} > 2.413) = 0.024.$$

μ の 95% 信頼区間は

$$\overline{x} \pm t_{25-1, \frac{0.05}{2}} \frac{u}{\sqrt{25}} = 11.9 \pm 2.064 \frac{\sqrt{31/2}}{\sqrt{25}}$$

より，$[10.275, 13.525]$ である．

例 6.14

$\boldsymbol{X} = (X_1, X_2, \ldots, X_{25})$ を未知の平均 μ，未知の分散 σ^2 の正規分布からの大きさ 25 のランダム標本とする．$\overline{x} = -23$，$\displaystyle\sum_{i=1}^{25}(x_i - \overline{x})^2 = 600$ であるとき，帰

無仮説 $H_0 : \mu \geq -20$ と対立仮説 $H_1 : \mu < -20$ の水準 0.01 の検定を行い，結論を述べよ．このときの有意確率を求めよ．

答

$u^2 = \dfrac{1}{25-1}\sum_i (x_i - \bar{x})^2 = 25$ であるため，$t = \dfrac{\sqrt{25}(-23-(-20))}{\sqrt{25}} = -3$ である．$-t_{25-1,0.01} = -2.492 > -3$ より H_0 は棄却され，平均は -20 より小さいと判断される．

有意確率について，t 分布表から $t_{24,0.005} = 2.797$ より，p 値 < 0.005 である．また計算機を用いることで，$P(T_{24} > 3) = 0.003$ と分かるので，p 値 $= P(-T_{24} < -3) = 0.003$ である．

問8　$\boldsymbol{X} = (X_1, X_2, \ldots, X_{900})$ を未知の平均 μ，分散 4 の正規分布からの大きさ 900 のランダム標本とする．$\bar{x} = 0.05$ であるとき，帰無仮説 $H_0 : \mu = 0$ と対立仮説 $H_1 : \mu \neq 0$ の水準 0.1 の検定を行い，結論を述べよ．このときの有意確率を求めよ．また，μ についての 90% 信頼区間を求めよ．

問9　ある店で売られている飲料 1 ダースは通常平均 40kg，標準偏差 4kg の正規分布に従うという．ある日，飲料 11 ダースを無作為に取り出して重さを計ったところ，その 11 ダースの平均は 37kg であった．この日，店で売られる飲料 1 ダースの重さの平均は通常よりも小さいかどうかの 5% 検定を行い，結論を述べよ．また，このときの有意確率を求めよ．

6.4.3　正規母集団の分散についての検定

$\boldsymbol{X} = (X_1, X_2, \ldots, X_n)$ を平均 μ，分散 σ^2 の正規分布からのランダム標本とする．

(i) 平均 μ が既知の場合：

仮説	$H_0 : \sigma^2 \leq \sigma_0^2$ $H_1 : \sigma^2 > \sigma_0^2$	$H_0 : \sigma^2 \geq \sigma_0^2$ $H_1 : \sigma^2 < \sigma_0^2$	$H_0 : \sigma^2 = \sigma_0^2$ $H_1 : \sigma^2 \neq \sigma_0^2$
H_0を棄却	$Q(\boldsymbol{X}) > \chi^2_{n,\alpha}$	$Q(\boldsymbol{X}) < \chi^2_{n,1-\alpha}$	$Q(\boldsymbol{X}) < \chi^2_{n,1-\alpha/2}$ または $Q(\boldsymbol{X}) > \chi^2_{n,\alpha/2}$

ただし，$Q(\boldsymbol{X}) = \dfrac{\sum_{i=1}^{n}(X_i - \mu)^2}{\sigma_0^2}$ は検定統計量，$\chi^2_{n,\alpha}$ は自由度 n の χ^2 分布の上側 100α% 点を表す．

(ii) 平均 μ が未知の場合：

仮説	$H_0 : \sigma^2 \leq \sigma_0^2$ $H_1 : \sigma^2 > \sigma_0^2$	$H_0 : \sigma^2 \geq \sigma_0^2$ $H_1 : \sigma^2 < \sigma_0^2$	$H_0 : \sigma^2 = \sigma_0^2$ $H_1 : \sigma^2 \neq \sigma_0^2$
H_0を棄却	$Q(\boldsymbol{X}) > \chi^2_{n-1,\alpha}$	$Q(\boldsymbol{X}) < \chi^2_{n-1,1-\alpha}$	$Q(\boldsymbol{X}) < \chi^2_{n-1,1-\alpha/2}$ または $Q(\boldsymbol{X}) > \chi^2_{n-1,\alpha/2}$

ただし，$Q(\boldsymbol{X}) = \dfrac{\sum_{i=1}^{n}(X_i - \overline{X})^2}{\sigma_0^2}$ は検定統計量，$\chi^2_{n-1,\alpha}$ は自由度 $n-1$ の χ^2 分布の上側 $100\alpha\%$ 点を表す．

例 6.15

ある国の冬季の気温は平均 0 の正規分布に従うとする．この国で冬季に気温の測定を 15 日間行ったところ，$\displaystyle\sum_{i=1}^{15} \frac{x_i^2}{15} = 4.4$ であった．実際の測定値の分散は 4 であるという仮説の 5% 検定を行い，その結論を述べよ．このときの有意確率を求めよ．また，σ^2 についての 95% 信頼区間を求めよ．

答

正規母集団の分散についての検定を考える．検定統計量の値は

$$v = \frac{\sum_i (x_i - \mu_0)^2}{\sigma_0^2} = \frac{15 \times 4.4}{4} = 16.5.$$

また，χ^2 分布表より，$\chi^2_{15,\frac{0.05}{2}} = 27.488$，$\chi^2_{15,1-\frac{0.05}{2}} = 6.2621$ である．したがって，$\chi^2_{15,0.975} < v < \chi^2_{15,0.025}$ より H_0 は棄却されず，分散は 4 ではないとはいえない．

有意確率について，χ^2 分布表から $\chi^2_{15,0.4} = 15.733$，$\chi^2_{15,0.3} = 17.322$ と分かるので

$$\chi^2_{15,\frac{0.8}{2}} < v < \chi^2_{15,\frac{0.6}{2}}$$

を満たす．したがって，$0.6 < p$ 値 < 0.8 である．また，計算機を用いることで，V_{15} を自由度 15 の χ^2 分布に従う確率変数としたとき，$P(V_{15} > 16.5) = 0.350$ と分かるので

$$p\text{ 値} = 2P(V_{15} > v) = 2P(V_{15} > 16.5) = 0.7$$

σ^2 の 95% 信頼区間は

$$\left[\frac{\sum_i (x_i-0)^2}{\chi^2_{15,\frac{0.05}{2}}}, \frac{\sum_i (x_i-0)^2}{\chi^2_{15,1-\frac{0.05}{2}}}\right] = \left[\frac{66}{27.488}, \frac{66}{6.2621}\right] = [2.401, 10.5396].$$

問10　ある測定器による測定値の分布は，平均100cmの正規分布に従うとする．この測定器を使ってある部品の長さを10回計ったところ，$\sum_{i=1}^{10} \frac{(x_i-100)^2}{10} = 5$ であった．実際の測定器の分散は4であるという仮説の5%検定を行い，その結論を述べよ．また，σ^2 についての95%信頼区間を求めよ．

6.4.4　2つの正規母集団の平均の差についての検定

$\boldsymbol{X} = (X_1, X_2, \ldots, X_n)$ を平均 μ_1，分散 σ_1^2 の正規分布からのランダム標本，$\boldsymbol{Y} = (Y_1, Y_2, \ldots, Y_m)$ を平均 μ_2，分散 σ_2^2 の正規分布からのランダム標本とし，$\boldsymbol{X}$ と $\boldsymbol{Y}$ は互いに独立であるとする．

(i) 分散 σ_1^2，σ_2^2 が既知の場合：

仮説	$H_0: \mu_1 \leq \mu_2$ $H_1: \mu_1 > \mu_2$	$H_0: \mu_1 \geq \mu_2$ $H_1: \mu_1 < \mu_2$	$H_0: \mu_1 = \mu_2$ $H_1: \mu_1 \neq \mu_2$
H_0を棄却	$Z(\boldsymbol{X},\boldsymbol{Y}) > z_\alpha$	$Z(\boldsymbol{X},\boldsymbol{Y}) < -z_\alpha$	$\lvert Z(\boldsymbol{X},\boldsymbol{Y})\rvert > z_{\frac{\alpha}{2}}$

ただし，$Z(\boldsymbol{X},\boldsymbol{Y}) = \dfrac{\overline{X}-\overline{Y}}{\sqrt{\dfrac{\sigma_1^2}{n}+\dfrac{\sigma_2^2}{m}}}$ は検定統計量，z_α は標準正規分布の上側 100α パーセント点を表す．

(ii) 分散 σ_1^2，σ_2^2 が未知で $\sigma_1^2 = \sigma_2^2$ の場合：

仮説	$H_0: \mu_1 \leq \mu_2$ $H_1: \mu_1 > \mu_2$	$H_0: \mu_1 \geq \mu_2$ $H_1: \mu_1 < \mu_2$	$H_0: \mu_1 = \mu_2$ $H_1: \mu_1 \neq \mu_2$
H_0を 棄却	$T(\boldsymbol{X},\boldsymbol{Y}) >$ $t_{n+m-2,\alpha}$	$T(\boldsymbol{X},\boldsymbol{Y}) <$ $-t_{n+m-2,\alpha}$	$\lvert T(\boldsymbol{X},\boldsymbol{Y})\rvert >$ $t_{n+m-2,\frac{\alpha}{2}}$

ただし，$T(\boldsymbol{X},\boldsymbol{Y}) = \dfrac{\overline{X}-\overline{Y}}{S_p\sqrt{\dfrac{1}{n}+\dfrac{1}{m}}}$ は検定統計量，

$S_p = \sqrt{\dfrac{\sum_{i=1}^n (X_i-\overline{X})^2 + \sum_{j=1}^m (Y_j-\overline{Y})^2}{n+m-2}}$，$t_{n+m-2,\alpha}$ は自由度 $n+m-2$ の t 分布の上側 100α パーセント点を表す．

(iii) 分散 σ_1^2, σ_2^2 が未知で $\sigma_1^2 \neq \sigma_2^2$ の場合：

仮説	$H_0: \mu_1 \leq \mu_2$ $H_1: \mu_1 > \mu_2$	$H_0: \mu_1 \geq \mu_2$ $H_1: \mu_1 < \mu_2$	$H_0: \mu_1 = \mu_2$ $H_1: \mu_1 \neq \mu_2$
H_0を棄却	$T(\boldsymbol{X},\boldsymbol{Y}) > t_{\nu,\alpha}$	$T(\boldsymbol{X},\boldsymbol{Y}) < -t_{\nu,\alpha}$	$\lvert T(\boldsymbol{X},\boldsymbol{Y})\rvert > t_{\nu,\frac{\alpha}{2}}$

ただし，$T(\boldsymbol{X},\boldsymbol{Y}) = \dfrac{\overline{X}-\overline{Y}}{\sqrt{\dfrac{U_1^2}{n}+\dfrac{U_2^2}{m}}}$ は検定統計量，$U_1^2 = \dfrac{1}{n-1}\displaystyle\sum_{i=1}^{n}(X_i-\overline{X})^2$，$U_2^2 = \dfrac{1}{m-1}\displaystyle\sum_{j=1}^{m}(Y_j-\overline{Y})^2$，$t_{\nu,\alpha}$ は自由度 ν の t 分布の上側 100α パーセント点，$\nu = \dfrac{\left[\dfrac{U_1^2}{n}+\dfrac{U_2^2}{m}\right]^2}{\dfrac{U_1^4}{[n^2(n-1)]}+\dfrac{U_2^4}{[m^2(m-1)]}}$ を表す．

(iv)2つの正規母集団間に対応がある場合：

$\boldsymbol{X}$ と $\boldsymbol{Y}$ は互いに独立ではなく，$(X_1,Y_1),\ldots,(X_n,Y_n)$ を n 組の対になった標本とする．

仮説	$H_0: \mu_1 \leq \mu_2$ $H_1: \mu_1 > \mu_2$	$H_0: \mu_1 \geq \mu_2$ $H_1: \mu_1 < \mu_2$	$H_0: \mu_1 = \mu_2$ $H_1: \mu_1 \neq \mu_2$
H_0を棄却	$T(\boldsymbol{D}) > t_{n-1,\alpha}$	$T(\boldsymbol{D}) < -t_{n-1,\alpha}$	$\lvert T(\boldsymbol{D})\rvert > t_{n-1,\frac{\alpha}{2}}$

ただし，$T(\boldsymbol{D}) = \dfrac{\overline{D}}{S_D/\sqrt{n}}$ は検定統計量，$\overline{D} = \dfrac{1}{n}\displaystyle\sum_{i=1}^{n}D_i$，$D_i = X_i - Y_i$，$S_D = \sqrt{\dfrac{1}{n-1}\displaystyle\sum_{i=1}^{n}(D_i-\overline{D})^2}$，$t_{n-1,\alpha}$ は自由度 $n-1$ の t 分布の上側 100α パーセント点を表す．

例 6.16

ある科目の補講に効果があるか調べるために，無作為に選んだ12人の子どもに対しては補講を行い，15人の子どもに対しては補講を行わず，試験を行ったところ，補講を行った子どもの平均点は70，不偏標本分散は16であった．また，補講を行わなかった子どもの平均は68，不偏標本分散は49であった．実際に平均点に差があるかを5%検定により結論を出せ．ただし，どちらの場合も点数の分布は等分散の正規分布に従っているものとする．また，このときの有意確率を述べよ．

答

2つの独立した正規母集団の平均の差についての検定を考える．

$$s_p^2 = \frac{(12-1)16+(15-1)49}{12+15-2} = 34.48$$

であるので，検定統計量の値は

$$t = \frac{\overline{x}-\overline{y}}{s_p\sqrt{\frac{1}{n}+\frac{1}{m}}} = \frac{70-68}{\sqrt{34.48}\sqrt{\frac{1}{12}+\frac{1}{15}}} = 0.879.$$

また，t 分布表より，$t_{12+15-2,\frac{0.05}{2}} = 2.060$ である．したがって，$|t| < t_{25,0.025}$ より H_0 は棄却されず，平均点に差があるとはいえない．

有意確率について，t 分布表から $t_{25,0.2} = 0.856$，$t_{25,0.15} = 1.058$ と分かるので

$$t_{25,\frac{0.4}{2}} < |t| < t_{25,\frac{0.3}{2}}$$

を満たす．したがって，$0.3 < p$ 値 < 0.4 である．また，計算機を用いることで，T_{25} を自由度25の t 分布に従う確率変数としたとき，$P(T_{25} > 0.879) = 0.194$ と分かるので

$$p\,値 = 2P(T_{25} > |t|) = 2P(T_{25} > 0.879) = 0.388.$$

6.4.5　2つの独立した正規母集団の分散についての検定

$\boldsymbol{X} = (X_1, X_2, \ldots, X_n)$ を平均 μ_1，分散 σ_1^2 の正規分布からのランダム標本，$\boldsymbol{Y} = (Y_1, Y_2, \ldots, Y_m)$ を平均 μ_2，分散 σ_2^2 の正規分布からのランダム標本とし，$\boldsymbol{X}$ と $\boldsymbol{Y}$ は互いに独立であるとする．

(i) 平均 μ_1，μ_2 が既知の場合：

仮説	$H_0 : \sigma_1^2 \leq \sigma_2^2$ $H_1 : \sigma_1^2 > \sigma_2^2$	$H_0 : \sigma_1^2 \geq \sigma_2^2$ $H_1 : \sigma_1^2 < \sigma_2^2$	$H_0 : \sigma_1^2 = \sigma_2^2$ $H_1 : \sigma_1^2 \neq \sigma_2^2$
H_0を棄却	$F(\boldsymbol{X},\boldsymbol{Y})$ $> F_{n,m,\alpha}$	$F(\boldsymbol{X},\boldsymbol{Y})$ $< F_{n,m,1-\alpha}$	$F(\boldsymbol{X},\boldsymbol{Y})$ $> F_{n,m,\frac{\alpha}{2}}$ または $F(\boldsymbol{X},\boldsymbol{Y})$ $< F_{n,m,1-\frac{\alpha}{2}}$

ただし，$F(\boldsymbol{X},\boldsymbol{Y}) = \dfrac{\sum_{i=1}^{n}(X_i-\mu_1)^2/n}{\sum_{j=1}^{m}(Y_j-\mu_2)^2/m}$ は検定統計量，$F_{n,m,\alpha}$ は自由度 n，m の F 分布の上側 100α パーセント点を表す．

(ii) 平均 μ_1，μ_2 が未知の場合：

仮説	$H_0:\sigma_1^2 \leq \sigma_2^2$ $H_1:\sigma_1^2 > \sigma_2^2$	$H_0:\sigma_1^2 \geq \sigma_2^2$ $H_1:\sigma_1^2 < \sigma_2^2$	$H_0:\sigma_1^2 = \sigma_2^2$ $H_1:\sigma_1^2 \neq \sigma_2^2$
H_0を棄却	$F(\boldsymbol{X},\boldsymbol{Y})$ $> F_{n-1,m-1,\alpha}$	$F(\boldsymbol{X},\boldsymbol{Y})$ $< F_{n-1,m-1,1-\alpha}$	$F(\boldsymbol{X},\boldsymbol{Y})$ $> F_{n-1,m-1,\frac{\alpha}{2}}$ または $F(\boldsymbol{X},\boldsymbol{Y})$ $< F_{n-1,m-1,1-\frac{\alpha}{2}}$

ただし，$F(\boldsymbol{X},\boldsymbol{Y}) = \dfrac{\sum_{i=1}^{n}(X_i-\overline{X})^2/(n-1)}{\sum_{j=1}^{m}(Y_j-\overline{Y})^2/(m-1)}$ は検定統計量，$F_{n-1,m-1,\alpha}$ は自由度 $n-1$，$m-1$ の F 分布の上側 100α パーセント点を表す．

例 6.17

二つのグループの身長を計った結果が次のとおりであった．

グループ A：158.6, 172.1, 180.1, 163.5, 170.5, 156.2, 165.5

グループ B：187.2, 153.2, 170.5, 162.2, 155.5, 172.3, 181.1, 172.5

身長は正規分布に従っているとすると，この 2 つのグループでの身長の分散が等しいかを 5% 検定で調べ，結果を述べよ．また，このときの有意確率を求めよ．

答

$F(\boldsymbol{x},\boldsymbol{y}) = \dfrac{68}{140} = 0.49$ であり，F 分布の表から $F_{7-1,8-1,\frac{0.05}{2}} = 5.695$，また計算機を用いることで $F_{7-1,8-1,1-\frac{0.05}{2}} = 0.195$ と分かる．したがって，$0.195 < 0.49 < 5.695$ より，H_0 は棄却されず，グループ間で分散が異なるとはいえない．

有意確率について，計算機を用いることで $P(F_{6,7} < 0.49) = 0.186$ と分かるので

$$
\begin{aligned}
p\,値 &= 2P\left(F_{6,7} < F(\boldsymbol{x},\boldsymbol{y})\right) = 2\min\{P\left(F_{6,7} < F(\boldsymbol{x},\boldsymbol{y})\right), P\left(F_{6,7} > F(\boldsymbol{x},\boldsymbol{y})\right)\} \\
&= 2 \times 0.186 = 0.372.
\end{aligned}
$$

6.4.6 母集団の平均についての近似検定

$\boldsymbol{X} = (X_1, \ldots, X_n)$ を平均 μ，分散 σ^2 の分布からのランダム標本とする.

仮説	$H_0 : \mu \leq \mu_0$ $H_1 : \mu > \mu_0$	$H_0 : \mu \geq \mu_0$ $H_1 : \mu < \mu_0$	$H_0 : \mu = \mu_0$ $H_1 : \mu \neq \mu_0$
H_0を棄却	$Z(\boldsymbol{X}) > z_\alpha$	$Z(\boldsymbol{X}) < -z_\alpha$	$\lvert Z(\boldsymbol{X})\rvert > z_{\frac{\alpha}{2}}$

ただし，$Z(\boldsymbol{X}) = \dfrac{\overline{X} - \mu_0}{S_n/\sqrt{n}}$ は検定統計量，$S_n = \sqrt{\dfrac{1}{n}\displaystyle\sum_{i=1}^{n}(X_i - \overline{X})^2}$，$z_\alpha$ は標準正規分布の上側 100α パーセント点を表す.

例 6.18

ある会社の発表によると，人が1年にのびる髪の長さは15cmであった．そこで16人について1年でのびた髪の長さを計ったところ，$\dfrac{1}{16}\displaystyle\sum_{i=1}^{16} x_i = 18.2$，$\displaystyle\sum_{i=1}^{16}(x_i - \overline{x})^2 = 70$ であった．実際に髪がのびる長さは会社の発表より長いかどうかの1% 検定を行い，結論を述べよ．また，このときの有意確率を求めよ.

答

母集団の平均についての近似検定を考える．検定統計量の値は

$$z = \frac{\overline{x} - \mu_0}{\sqrt{\frac{1}{n}\sum_i (x_i - \overline{x})^2}/\sqrt{n}} = \frac{16(18.2 - 15)}{\sqrt{70}} = 6.12.$$

また，標準正規分布表より，$z_{0.01} = 2.33$ である．したがって，$z > z_{0.01}$ より H_0 は棄却され，髪が伸びる長さは会社の発表より長いと判断される.

有意確率について，標準正規分布表から，Z を標準正規分布に従う確率変数としたとき，$P(Z > 6.12) < 0.0001$ と分かるので

$$p\text{値} < 0.0001.$$

6.4.7 母比率についての近似検定

$\boldsymbol{X} = (X_1, X_2, \ldots, X_n)$ を未知のパラメータ p のベルヌーイ分布からのランダム標本とする.

仮説	$H_0 : p \leq p_0$ $H_1 : p > p_0$	$H_0 : p \geq p_0$ $H_1 : p < p_0$	$H_0 : p = p_0$ $H_1 : p \neq p_0$
H_0を棄却	$Z(\boldsymbol{X}) > z_\alpha$	$Z(\boldsymbol{X}) < -z_\alpha$	$\lvert Z(\boldsymbol{X})\rvert > z_{\frac{\alpha}{2}}$

ただし，$Z(\boldsymbol{X}) = \dfrac{\hat{p} - p_0}{\sqrt{\dfrac{p_0(1-p_0)}{n}}}$ は検定統計量，$\hat{p} = \dfrac{1}{n}\displaystyle\sum_{i=1}^{n} X_i$ は標本比率，z_α は標準正規分布の上側 100α パーセント点を表す．

例 6.19

ある企業でアンケート調査をしたところ，無作為に選んだ100人の社員のうち，65人が電車通勤をしていることがわかった．実際に電車通勤をしている社員は，50% 以下であるという企業側の主張が正しいかをこの結果をもとに結論を下せ．また，このときの有意確率を求めよ．

答

母集団比率についての近似検定を考える．検定統計量の値は

$$z = \frac{\hat{p} - p_0}{\sqrt{\frac{p_0(1-p_0)}{n}}} = \frac{0.65 \quad 0.5}{\sqrt{\frac{0.5(1-0.5)}{100}}} = 3$$

仮に水準を1% とした場合，標準正規分布表より，$z_{0.01} = 2.33$ であるので，$z > z_{0.01}$ より H_0 は棄却され，電車通勤をしている社員は50% より多いと判断される．

有意確率について，標準正規分布表から，Z を標準正規分布に従う確率変数としたとき，$P(Z > 3) = 0.001$ と分かるので，

$$p\ 値 = 0.001$$

問 11　ある出版社は，1日5分以上読書をする人の割合は30% 以上であるといっている．調査の結果，無作為に選ばれた2000人のうち，27% の人が1日5分以上読書をすることがわかった．この結果を基に，出版会社の主張が正しいかどうかの1% 検定を行い，結論を述べよ．また，このときの有意確率を求めよ．

6.4.8　2つの独立した母集団の比率の差についての近似検定

$\boldsymbol{X} = (X_1, X_2, \ldots, X_n)$ を未知のパラメータ p_1 のベルヌーイ分布からのランダム標本，$\boldsymbol{Y} = (Y_1, Y_2, \ldots, Y_m)$ を未知のパラメータ p_2 のベルヌーイ分布から

のランダム標本とし，$\boldsymbol{X}$ と $\boldsymbol{Y}$ は互いに独立であるとする．

仮説	$H_0 : p_1 \leq p_2$ $H_1 : p_1 > p_2$	$H_0 : p_1 \geq p_2$ $H_1 : p_1 < p_2$	$H_0 : p_1 = p_2$ $H_1 : p_1 \neq p_2$
H_0を棄却	$Z(\boldsymbol{X},\boldsymbol{Y}) > z_\alpha$	$Z(\boldsymbol{X},\boldsymbol{Y}) < -z_\alpha$	$\lvert Z(\boldsymbol{X},\boldsymbol{Y})\rvert > z_{\frac{\alpha}{2}}$

ただし，$Z(\boldsymbol{X},\boldsymbol{Y}) = \dfrac{\hat{p}_1 - \hat{p}_2}{\sqrt{\hat{p}(1-\hat{p})\left(\dfrac{1}{n}+\dfrac{1}{m}\right)}}$ は検定統計量，$\hat{p}_1 = \dfrac{1}{n}\displaystyle\sum_{i=1}^{n} X_i$，$\hat{p}_2 = \dfrac{1}{m}\displaystyle\sum_{j=1}^{m} Y_j$，$\hat{p} = \dfrac{\sum_{i=1}^{n} X_i + \sum_{j=1}^{m} Y_j}{n+m}$，$z_\alpha$ は標準正規分布の上側 100α パーセント点を表す．

例 6.20

ある町の 50 才以上の男性から無作為に 200 人選んだところ，60% が毎日飲酒をするとわかった．また，50 才未満の男性の中から 150 人選んだところ，54% が毎日飲酒をするとわかった．50 才以上と未満で毎日飲酒する人の割合に差があるかを 5% 検定により，結論を出せ．また，このときの有意確率を求めよ．

答

2 つの独立した正規母集団の母集団比率の差についての近似検定を考える．

$$\hat{p} = \frac{n\overline{x} + m\overline{y}}{n+m} = \frac{120+81}{200+150} = 0.57$$

であるので，検定統計量の値は

$$z = \frac{\overline{x} - \overline{y}}{\sqrt{\hat{p}(1-\hat{p})\left(\frac{1}{n}+\frac{1}{m}\right)}} = \frac{0.60 - 0.54}{\sqrt{0.57(1-0.57)\left(\frac{1}{200}+\frac{1}{150}\right)}} = 1.12.$$

また，標準正規分布表より，$z_{\frac{0.05}{2}} = 1.96$ である．したがって，$|z| < z_{0.025}$ より H_0 は棄却されず，50 才以上と未満で毎日飲酒する人の割合に差があるとはいえない．

有意確率について，標準正規分布表から，Z を標準正規分布に従う確率変数としたとき，$P(Z > 1.12) = 0.131$ と分かるので

$$p\,値 = 2P(Z > |z|) = 2P(Z > 1.12) = 0.262.$$

6.5　カイ二乗検定

6.5.1　カイ二乗適合度検定 (chi-square goodness of fit test)

(i) 攪乱母数がない場合：

$(X_1, X_2, \ldots, X_k)$ は，パラメータ n，$\boldsymbol{p} = (p_1, p_2, \ldots, p_k)$ の多項分布に従っているとする．ここで

$$H_0 : (p_1, p_2, \ldots, p_k) = (p_{01}, p_{02}, \ldots, p_{0k})$$
$$H_1 : (p_1, p_2, \ldots, p_k) \neq (p_{01}, p_{02}, \ldots, p_{0k})$$

の仮説検定を考える．統計量

$$Q(\boldsymbol{X}) = \sum_{i=1}^{k} \frac{(X_i - np_{0i})^2}{np_{0i}}$$

は，帰無仮説 H_0 の下で漸近的に自由度 $k-1$ の χ^2 分布に従うことを用いて，有意水準 α のカイ二乗検定は，次のように与えられる．

$$Q(\boldsymbol{X}) > \chi^2_{k-1,\alpha} \text{ならば，} H_0 \text{を棄却する}$$

ただし，$\chi^2_{k-1,\alpha}$ は自由度 $k-1$ の χ^2 分布の上側 $100\alpha\%$ 点を表す．

(ii) 攪乱母数がある場合：

(i) と同じ状況で，$p_i = p_i(\boldsymbol{\theta})$ で，$\boldsymbol{\theta} = (\theta_1, \theta_2, \ldots, \theta_s)$，$s < k-1$，$\boldsymbol{\theta} \in \Theta$ は未知のパラメータ（攪乱母数）であり，$p_1(\boldsymbol{\theta}) + \cdots + p_k(\boldsymbol{\theta}) = 1$ とする．ここで

$$H_0 : (p_1, p_2, \ldots, p_k) = (p_{01}(\boldsymbol{\theta}), p_{02}(\boldsymbol{\theta}), \ldots, p_{0k}(\boldsymbol{\theta}))$$
$$H_1 : (p_1, p_2, \ldots, p_k) \neq (p_{01}(\boldsymbol{\theta}), p_{02}(\boldsymbol{\theta}), \ldots, p_{0k}(\boldsymbol{\theta}))$$

の仮説検定を考える．統計量

$$Q(\boldsymbol{X}) = \sum_{i=1}^{k} \frac{(X_i - np_{0i}(\hat{\boldsymbol{\theta}}))^2}{np_{0i}(\hat{\boldsymbol{\theta}})}$$

は，帰無仮説 H_0 の下で漸近的に自由度 $k-1-s$ の χ^2 分布に従う．ただし，$\hat{\boldsymbol{\theta}} = (\hat{\theta}_1, \hat{\theta}_2, \ldots, \hat{\theta}_s)$ は，$\boldsymbol{\theta} = (\theta_1, \theta_2, \ldots, \theta_s)$ の MLE である．これを用いて，有意水準 α のカイ二乗検定は，次のように与えられる．

$$Q(\boldsymbol{X}) > \chi^2_{k-1-s,\alpha} \text{ならば，} H_0 \text{を棄却する}$$

ただし，$\chi^2_{k-1-s,\alpha}$ は自由度 $k-1-s$ の χ^2 分布の上側 $100\alpha\%$ 点を表す．

例 6.21

大きさ500のランダム標本の結果が次のようであった．この標本が実際には標準正規分布からの標本であるかどうかの検定を行い，結論を述べよ．

$x \le -2$	14
$-2 < x \le -1$	106
$-1 < x \le 0$	175
$0 < x \le 1$	140
$1 < x \le 2$	48
$2 \le x$	17
計	500

答

標準正規分布表より，Z を標準正規分布に従う確率変数とすると，$P(Z \le -2) = P(Z > 2) = 0.023$，$P(-2 < Z \le -1) = P(1 < Z \le 2) = 0.136$，$P(-1 < Z \le 0) = P(0 < Z \le 1) = 0.341$ である．これらの値を用いて χ^2 適合度検定を行う．検定統計量の値は

$$
\begin{aligned}
Q(\boldsymbol{x}) &= \frac{(14-500\times 0.023)^2}{500\times 0.023} + \frac{(106-500\times 0.136)^2}{500\times 0.136} + \frac{(175-500\times 0.341)^2}{500\times 0.341} \\
&\quad + \frac{(140-500\times 0.341)^2}{500\times 0.341} + \frac{(48-500\times 0.136)^2}{500\times 0.136} + \frac{(17-500\times 0.023)^2}{500\times 0.023} \\
&= 35.345.
\end{aligned}
$$

仮に水準を5%とした場合，χ^2 分布表から $\chi^2_{6-1,0.05} = 11.071$ なので，$Q(\boldsymbol{x}) > \chi^2_{5,0.05}$ より，標準正規分布からの標本であるという仮説は棄却され，この標本は標準正規分布以外から得られたと判断される．

例 6.22

あるゲーム会社の1作品にあるバグの数を知るために，無作為に選んだ100作品を使って調べたところ，

バグの数	0	1	2	3	計
作品数	65	20	10	5	100

バグの数はポアソン分布に従っているかどうかの検定を行い，結論を述べよ．

標本平均は

$$\overline{x} = 1 \times \frac{20}{100} + 2 \times \frac{10}{100} + 3 \times \frac{5}{100} = 0.55$$

である．X をパラメータ 0.55 のポアソン分布に従う確率変数とすると

$$P(X=0) = 0.577, \quad P(X=1) = 0.317, \quad P(X=2) = 0.087$$
$$P(X=3) = 0.016, \quad P(X \geq 4) = 0.003.$$

したがって検定統計量の値は

$$\begin{aligned} Q(\boldsymbol{x}) = &\frac{(65 - 100 \times 0.577)^2}{100 \times 0.577} + \frac{(20 - 100 \times 0.317)^2}{100 \times 0.317} \\ &+ \frac{(10 - 100 \times 0.087)^2}{100 \times 0.087} + \frac{(5 - 100 \times 0.016)^2}{100 \times 0.016} \\ &+ \frac{(0 - 100 \times 0.003)^2}{100 \times 0.003} = 12.961. \end{aligned}$$

有意水準 $\alpha = 0.05$ とすると，推定したパラメータの数は 1 つなので，自由度は $5 - 1 - 1 = 3$ である．したがって，$\chi^2_{3,0.05} = 7.815$ であり，$Q(\boldsymbol{x}) > \chi^2_{3,0.05}$ より，バグの数はポアソン分布に従っているという仮説は棄却され，バグの数はポアソン分布以外に従うと判断される．

問 12　次の観測値で正規分布からのランダム標本か検定を行え．

観測値	度数
$3 < x \leq 6$	15
$6 < x \leq 9$	20
$9 < x \leq 12$	45
$12 < x \leq 15$	35
$15 < x \leq 18$	25
$18 < x \leq 21$	10
計	150

問 13　ある製品のバッテリーを 300 個選んでその寿命を計ったところ，次のようになった．この分布は指数分布に従うと考えられるか結論を述べよ．

寿命 (時間)	観測度数
$0 < x \leq 100$	130
$100 < x \leq 200$	70
$200 < x \leq 300$	30
$300 < x \leq 400$	15
$400 < x \leq 500$	5
計	250

6.5.2　尤度比による適合度検定 (goodness of fit test)

$(X_1, X_2, \ldots, X_k)$ は，パラメータ n，$\boldsymbol{p} = (p_1, p_2, \ldots, p_k)$ の多項分布に従っているとする．ここで

$$H_0 : (p_1, p_2, \ldots, p_k) = (p_{01}, p_{02}, \ldots, p_{0k})$$
$$H_1 : (p_1, p_2, \ldots, p_k) \neq (p_{01}, p_{02}, \ldots, p_{0k})$$

の仮説検定を考える．

尤度比を $\lambda(\boldsymbol{X})$ としたとき，$-2\log\lambda(\boldsymbol{X})$ は

$$-2\log\lambda(\boldsymbol{X}) = 2\sum_{i=1}^{k} X_i \log\frac{X_i}{np_{0i}}$$

で与えられる．これを用いて，尤度比検定は，次のように与えられる．

$$-2\log\lambda(\boldsymbol{X}) > \chi^2_{k-1,\alpha} \text{ならば，} H_0 \text{を棄却する}$$

ただし，$\chi^2_{k-1,\alpha}$ は自由度 $k-1$ の χ^2 分布の上側 $100\alpha\%$ 点を表す．

例 6.23

乱数表では0から9までの数字が同じ確率で現れるように作られている．ある乱数表を調べた結果，次の結果を得た．

数字	0	1	2	3	4	5	6	7	8	9	計
度数	13	8	5	11	14	10	12	15	7	5	100

このデータをもとに，この乱数表では各数字の出る確率は同様であるかをカイ二乗適合度検定を行い，結論を述べよ．また，尤度比検定の場合とも比較せよ．

答

$p_{01} = p_{02} = \cdots = p_{010} = \dfrac{1}{10} = 0.1$ とする．χ^2 適合度検定について，検定統計量の値は

$$
\begin{aligned}
Q(\boldsymbol{x}) &= \sum_{i=1}^{10} \frac{(x_i - 100 \times p_{0i})^2}{100 \times p_{0i}} \\
&= \frac{1}{10}\left\{(13-10)^2 + (8-10)^2 + \cdots + (5-10)^2\right\} \\
&= 11.8.
\end{aligned}
$$

仮に水準を 5% とした場合，χ^2 分布表から $\chi^2_{10-1,0.05} = 16.919$ なので，$Q(\boldsymbol{x}) < \chi^2_{9,0.05}$ より，各数字が出る確率は等しいという仮説は棄却されず，確率が異なるとは判断されない．

尤度比検定について，検定統計量の値は

$$
\begin{aligned}
-2\log\lambda(\boldsymbol{x}) &= 2\sum_{i=1}^{10} x_i \log \frac{x_i}{100 \times p_{0i}} \\
&= 2\left\{13\log\frac{13}{10} + 8\log\frac{8}{10} + \cdots + 5\log\frac{5}{10}\right\} \\
&= 12.4525.
\end{aligned}
$$

したがって，$-2\log\lambda(\boldsymbol{x}) < \chi^2_{9,0.05}$ より，各数字が出る確率は等しいという仮説は棄却されず，確率が異なるとは判断されない．

問 14 ある出版会社が A，B，C，D の 4 種類の新刊本を発表した．この出版社では A が 25%，B が 35%，C が 10%，D が 30% 売れると予想した．実際，売られた新刊本のうち無作為に選ばれた 200 冊の新刊本の種類は，A が 45 冊，B が 60 冊，C が 40 冊，D が 55 冊であった．出版社の予想は正しいかどうかの検定を行い，結論を述べよ．

6.5.3 分割表における独立性の検定 (test of independence)

ある実験の結果が，1 つの特性 A については $A_1, A_2, \ldots, A_r$ のタイプに分類され，もう 1 つの特性 B については $B_1, B_2, \ldots, B_c$ のタイプに分類されるとする．この結果が，$r \times c$ の分割表として，以下のように与えられているとする．

	B_1	B_2	$\cdots$	B_c	計
A_1	n_{11}	n_{12}	$\cdots$	n_{1c}	n_{1+}
A_2	n_{21}	n_{22}	$\cdots$	n_{2c}	n_{2+}
$\vdots$	$\vdots$	$\vdots$		$\vdots$	$\vdots$
A_r	n_{r1}	n_{r2}	$\cdots$	n_{rc}	n_{r+}
計	n_{+1}	n_{+2}	$\cdots$	n_{+c}	n

ここで

$$n_{i+} = \sum_{j=1}^{c} n_{ij}, \quad n_{+j} = \sum_{i=1}^{r} n_{ij}, \quad n = \sum_{i=1}^{r}\sum_{j=1}^{c} n_{ij}$$

はそれぞれ，行の合計，列の合計，すべての合計になる．

$p_{ij} = P(A_i \cap B_j)$，$p_{i+} = P(A_i)$，$p_{+j} = P(B_j)$ として，2つの特性が独立であるかの検定，すなわち

$$H_0: \text{すべての}\, i,\, j\, \text{に対して}\, p_{ij} = p_{i+}p_{+j}, \quad \sum_{i=1}^{r} p_{i+} = 1, \sum_{j=1}^{c} p_{+j} = 1$$

$$H_1: H_0\text{が正しくない}$$

の仮説検定を考える．

(I) 尤度比検定

尤度比を $\lambda(\boldsymbol{X})$ としたとき，$-2\log\lambda(\boldsymbol{X})$ は

$$-2\log\lambda(\boldsymbol{X}) = 2\sum_{i=1}^{r}\sum_{j=1}^{c} n_{ij}\log\left(\frac{n_{ij}}{\hat{n}_{ij}}\right)$$

で与えられる．ただし，$\hat{n}_{ij} = \dfrac{n_{i+}n_{+j}}{n}$．これを用いて，尤度比検定は，次のように与えられる．

$$-2\log\lambda(\boldsymbol{X}) > \chi^2_{(r-1)(c-1),\alpha}\text{ならば}, H_0\text{を棄却する}$$

ただし，$\chi^2_{(r-1)(c-1),\alpha}$ は自由度 $(r-1)(c-1)$ の χ^2 分布の上側 $100\alpha\%$ 点を表す．

(II) カイ二乗検定

統計量

$$Q(\boldsymbol{X}) = \sum_{i=1}^{r}\sum_{j=1}^{c} \frac{\left(N_{ij} - \dfrac{N_{i+}N_{+j}}{n}\right)^2}{\dfrac{N_{i+}N_{+j}}{n}}$$

は，帰無仮説 H_0 の下で漸近的に自由度 $(r-1)(c-1)$ の χ^2 分布に従うことを用いて，有意水準 α のカイ二乗検定は，次のように与えられる．

$$Q(\boldsymbol{X}) > \chi^2_{(r-1)(c-1),\alpha} \text{ならば，} H_0 \text{を棄却する}$$

ただし，$\chi^2_{(r-1)(c-1),\alpha}$ は自由度 $(r-1)(c-1)$ の χ^2 分布の上側 $100\alpha\%$ 点を表す．

例 6.24

ある水中運動に関する好感度と性別の関係を調べるために 400 人を無作為に選んだところ，次の結果を得た．

性別＼好感度	好き	嫌い	どちらでもない	計
男	60	110	30	200
女	30	50	20	100
計	90	160	50	300

好感度と性別との間に関係があると考えられるか結論を述べよ．

答

分割表での独立性の検定を考える．χ^2 検定の検定統計量の値は

$$\begin{aligned} Q(\boldsymbol{x}) &= \frac{(60-\frac{200\times 90}{300})^2}{\frac{200\times 90}{300}} + \frac{(110-\frac{200\times 160}{300})^2}{\frac{200\times 160}{300}} + \frac{(30-\frac{200\times 50}{300})^2}{\frac{200\times 50}{300}} \\ &\quad + \frac{(30-\frac{100\times 90}{300})^2}{\frac{100\times 90}{300}} + \frac{(50-\frac{100\times 160}{300})^2}{\frac{100\times 160}{300}} + \frac{(20-\frac{100\times 50}{300})^2}{\frac{100\times 50}{300}} \\ &= 1.31. \end{aligned}$$

仮に水準を 5% とした場合，χ^2 分布表から $\chi^2_{(2-1)(3-1),0.05} = 5.99$ なので，$Q(\boldsymbol{x}) < \chi^2_{2,0.05}$ より，好感度と性別は独立であるという仮説は棄却されず，性別により好感度は異なるとは判断されない．

問 15 ある病気の薬の効果を調べるために，300 人を対象に調査したところ，次の結果を得た．薬の効果があると判断できるか述べよ．

	発病した人	発病しない人
薬を投与してない人	60	80
薬を投与した人	40	120

6.5.4　幾つかの母集団の比率の均斉性の検定 (test of homogeneity)

r 個の独立した母集団分布から，それぞれ大きさ n_{i+}，$i = 1, 2, \ldots, r$ のランダム標本をとり，その標本をある特性 B について，$B_1, \ldots, B_c$ のタイプに分類するとする．すなわち，$r \times c$ の分割表において，各行の合計 n_{i+} が固定されている状況を考える．

それぞれの母集団での比率は等しいかの検定，すなわち

$$H_0 : \text{すべての}\ j\ \text{に対して}\ p_{1j} = p_{2j} = \cdots = p_{rj}$$
$$H_1 : H_0\text{が正しくない}$$

の仮説検定を考える．この結果は，分割表における独立性の検定の場合と，全く同じ形になる．

(I) 尤度比検定

尤度比を $\lambda(\boldsymbol{X})$ としたとき，$-2\log\lambda(\boldsymbol{X})$ は

$$-2\log\lambda(\boldsymbol{X}) = 2\sum_{i=1}^{r}\sum_{j=1}^{c} n_{ij}\log\left(\frac{n_{ij}}{\hat{n}_{ij}}\right)$$

で与えられる．ただし，$\hat{n}_{ij} = \dfrac{n_{i+}n_{+j}}{n}$．これを用いて，尤度比検定は，次のように与えられる．

$$-2\log\lambda(\boldsymbol{X}) > \chi^2_{(r-1)(c-1),\alpha}\text{ならば，}H_0\text{を棄却する}$$

ただし，$\chi^2_{(r-1)(c-1),\alpha}$ は自由度 $(r-1)(c-1)$ の χ^2 分布の上側 $100\alpha\%$ 点を表す．

(II) カイ二乗検定

統計量

$$Q(\boldsymbol{X}) = \sum_{i=1}^{r}\sum_{j=1}^{c}\frac{\left(N_{ij} - \dfrac{n_{i+}N_{+j}}{n}\right)^2}{\dfrac{n_{i+}N_{+j}}{n}}$$

は，帰無仮説 H_0 の下で漸近的に自由度 $(r-1)(c-1)$ の χ^2 分布に従うことを用いて，有意水準 α のカイ二乗検定は，次のように与えられる．

$$Q(\boldsymbol{X}) > \chi^2_{(r-1)(c-1),\alpha}\text{ならば，}H_0\text{を棄却する}$$

ただし，$\chi^2_{(r-1)(c-1),\alpha}$ は自由度 $(r-1)(c-1)$ の χ^2 分布の上側 $100\alpha\%$ 点を表す．

例 6.25

3つの学校S，T，Uからそれぞれ200名の生徒を選んで，ある試験を実施したところ，次の結果を得た．各学校の成績の分布は等しいと考えられるか結論を述べよ．

		A	B	C	D	計
学校	S	60	50	70	20	200
	T	45	55	60	40	200
	U	50	60	60	30	200

答

比率の均斉性の検定を考える．χ^2 検定の検定統計量の値は

$$Q(\boldsymbol{x}) = \frac{(60 - \frac{200\times155}{600})^2}{\frac{200\times155}{600}} + \frac{(50 - \frac{200\times165}{600})^2}{\frac{200\times165}{600}} + \cdots + \frac{(40 - \frac{200\times90}{600})^2}{\frac{200\times90}{600}}$$
$$= 10.89.$$

仮に水準を5%とした場合，χ^2 分布表から $\chi^2_{(3-1)(4-1),0.05} = 12.59$ なので，$Q(\boldsymbol{x}) < \chi^2_{6,0.05}$ より，3つの学校で成績分布は等しいという仮説は棄却されず，学校間で成績が異なるとは判断されない．

問16　ある4つの会社では同じ機械を作っている．会社Aで作られた機械の中から100機を無作為に選んだところ，20機が不良品であった．会社Bからは200機選んだところ，60機が不良品であった．会社Cの300機の機械の中には70機の不良品があり，会社Dの機械400機の中には100機の不良品があった．この結果から，各会社で作られる機械の中の不良品の割合は等しいと考えられるか，結論を述べよ．

章末問題

問題 1　ある町の最高気温の前年までの平均は20度であった．今年，その町において，ランダムに30日間の最高気温を調べたところ，観測された最高気温の総和は $\sum_{i=1}^{30} x_i = 670$，平均との差の平方和は $\sum_{i=1}^{30}(x_i - \overline{x})^2 = 506$ であった．今年の最高気温の平均は，前年度までの平均よりも高いかどうかの検定を行い，平均についての95%信頼区間を求めよ．

問題 2　朝にシャワーを浴びるか否かを100人に聞いたところ，61人が浴びないと答えた．実際に浴びない人の比率 p についての95%信頼区間を求めよ．また，$H_0 : p \leq 0.5$，$H_1 : p > 0.5$ について水準5%の検定を行い，結論を述べよ．

問題 3　男性と女性とで1日にスマホを見る時間に差があるかどうか調べるため，男性18人，女性22人にアンケートをとったところ，次の結果を得た(単位分)．

	$\overline{x}$	$\sum(x_i - \overline{x})^2$
男	125	7800
女	153	2400

実際に男性と女性との間に，スマホを見る時間に差があると考えられるか，結論を述べよ．

問題 4　ある飲料製品1本内に含まれるカフェイン量は平均で4gであると設定されている．実際に作られているこの製品が基準を満たしているかを調べるために，36本の製品を無作為に取り出してカフェイン量を計ったところ，$\overline{x} = 5.1$，不偏標本分散が0.64であった．製品は基準どおりに作られていると考えられるか，結論を述べよ．

問題 5　2つの店舗A，Bの1日の来客人数のバラツキに違いがあるかを調べるために，それぞれの店舗における50日間の来客人数を調べたところ，次の結果であった．

	$\overline{x}$	$\sum(x_i - \overline{x})^2$
A	150	5400
B	172	3200

各店舗における来客人数は正規分布に従うとして等分散の検定を行い，結論を述べよ．

問題 6　ある治療法が血圧を抑える働きがあるかどうかを調べるために，10人の患者を選んで治療前と治療後の血圧を計ったところ，次の結果を得た．

患者	1	2	3	4	5	6	7	8	9	10
治療前	152	162	156	141	141	133	156	120	152	122
治療後	138	163	132	139	106	140	128	142	149	135

この治療法は血圧を下げる効果があるといえるか，結論を述べよ．

問題 7　あるお菓子メーカーでは，3つの味A，B，Cがあるお菓子について，Aが40%，Bが50%，Cが10%の売り上げになるだろうと予想している．実際，購入された500個のお菓子を調べたところ，180個が味A，200個が味B，120個が味Cであった．この結果はこのメーカーの予想とあうか，結論を述べよ．

問題 8　ある学校の職員室にかかってくる電話の数を30分ずつ100回調べたところ，以下の結果が得られた．

回数	0	1	2	3	4	5
度数	40	25	15	10	5	5

これはポアソン分布に従っていると考えられるか，結論を述べよ．

問題 9　水泳経験と水難事故による死亡数との間に関係があるかを調べるため，95件の水難事故について調べたところ，次の結果を得た．ただし水泳経験は，経験年数に基づき3つの区分A，B，Cに分類している．

水泳経験	A	B	C
死亡事故	25	21	8
それ以外	17	17	7

水泳経験と水難事故による死亡数は独立であると考えられるか，結論を述べよ．

問題 10　ある新しい校則について生徒60人，保護者90人に尋ねたところ，次の結果を得た．

	賛成	反対	どちらでもない	計
生徒	15	25	20	60
保護者	35	25	30	90

生徒と保護者で，校則に対する意見比率は等しいといえるか，結論を述べよ．

問題 11　$f_X(x;\theta)$ を確率密度関数，または確率関数とする．$f_X(x;\theta)$ が x について単調尤度比をもつための必要十分条件は，すべての θ，x で $\dfrac{\partial^2}{\partial\theta\partial x}\log f_X(x;\theta)$ が存在し，非負であることを示せ．

問題 12　2×2 の分割表での独立の検定を考える．

$$H_0: p_{ij} = p_{i+}p_{+j} \quad i,j=1,2, \quad H_1: H_0\text{が正しくない．}$$

(i)　$(N_{1+}, N_{2+}, N_{+1}, N_{+2})$ は $(p_{1+}, p_{2+}, p_{+1}, p_{+2})$ に関して十分統計量であることを示せ．

(ii)　H_0 の下では，$P(N_{11}=n_{11},\ldots,N_{22}=n_{22}|N_{1+}=n_{1+},\ldots,N_{+2}=n_{+2}) = \dbinom{n_{1+}}{n_{11}}\dbinom{n_{2+}}{n_{21}}\Big/\dbinom{n}{n_{+1}}$ を示せ．

(iii)　十分統計量が与えられたとき，対立仮説を $H_1^*: p_{ij}=p_{ij}^*, p_{ij}^* \neq p_{i+}p_{+j}, i,j=1,2$ とし，ネイマン・ピアソンの補助定理を用いて検定を求めよ．

付録

付表1　標準正規分布表
付表2　t 分布のパーセント点
付表3　χ^2 分布のパーセント点
付表4　自由度 m, n の F 分布のパーセント点

付表 1　標準正規分布表

$$\Phi(z)=\int_{-\infty}^{z}\frac{1}{\sqrt{2\pi}}e^{-\frac{x^2}{2}}dx$$

z	$\Phi(z)$	z	$\Phi(z)$	z	$\Phi(z)$	z	$\Phi(z)$	z	$\Phi(z)$
0.00	0.500000	0.38	0.648027	0.76	0.776373	1.14	0.872857	1.52	0.935745
0.01	0.503989	0.39	0.651732	0.77	0.779350	1.15	0.874928	1.53	0.936992
0.02	0.507978	0.40	0.655422	0.78	0.782305	1.16	0.876976	1.54	0.938220
0.03	0.511966	0.41	0.659097	0.79	0.785236	1.17	0.879000	1.55	0.939429
0.04	0.515953	0.42	0.662757	0.80	0.788145	1.18	0.881000	1.56	0.940620
0.05	0.519939	0.43	0.666402	0.81	0.791030	1.19	0.882977	1.57	0.941792
0.06	0.523922	0.44	0.670031	0.82	0.793892	1.20	0.884930	1.58	0.942947
0.07	0.527903	0.45	0.673645	0.83	0.796731	1.21	0.886861	1.59	0.944083
0.08	0.531881	0.46	0.677242	0.84	0.799546	1.22	0.888768	1.60	0.945201
0.09	0.535856	0.47	0.680822	0.85	0.802337	1.23	0.890651	1.61	0.946301
0.10	0.539828	0.48	0.684386	0.86	0.805105	1.24	0.892512	1.62	0.947384
0.11	0.543795	0.49	0.687933	0.87	0.807850	1.25	0.894350	1.63	0.948449
0.12	0.547758	0.50	0.691462	0.88	0.810570	1.26	0.896165	1.64	0.949497
0.13	0.551717	0.51	0.694974	0.89	0.813267	1.27	0.897958	1.65	0.950529
0.14	0.555670	0.52	0.698468	0.90	0.815940	1.28	0.899727	1.66	0.951543
0.15	0.559618	0.53	0.701944	0.91	0.818589	1.29	0.901475	1.67	0.952540
0.16	0.563559	0.54	0.705401	0.92	0.821214	1.30	0.903200	1.68	0.953521
0.17	0.567495	0.55	0.708840	0.93	0.823814	1.31	0.904902	1.69	0.954486
0.18	0.571424	0.56	0.712260	0.94	0.826391	1.32	0.906582	1.70	0.955435
0.19	0.575345	0.57	0.715661	0.95	0.828944	1.33	0.908241	1.71	0.956367
0.20	0.579260	0.58	0.719043	0.96	0.831472	1.34	0.909877	1.72	0.957284
0.21	0.583166	0.59	0.722405	0.97	0.833977	1.35	0.911492	1.73	0.958185
0.22	0.587064	0.60	0.725747	0.98	0.836457	1.36	0.913085	1.74	0.959070
0.23	0.590954	0.61	0.729069	0.99	0.838913	1.37	0.914657	1.75	0.959941
0.24	0.594835	0.62	0.732371	1.00	0.841345	1.38	0.916207	1.76	0.960796
0.25	0.598706	0.63	0.735653	1.01	0.843752	1.39	0.917736	1.77	0.961636
0.26	0.602568	0.64	0.738914	1.02	0.846136	1.40	0.919243	1.78	0.962462
0.27	0.606420	0.65	0.742154	1.03	0.848495	1.41	0.920730	1.79	0.963273
0.28	0.610261	0.66	0.745373	1.04	0.850830	1.42	0.922196	1.80	0.964070
0.29	0.614092	0.67	0.748571	1.05	0.853141	1.43	0.923641	1.81	0.964852
0.30	0.617911	0.68	0.751748	1.06	0.855428	1.44	0.925066	1.82	0.965620
0.31	0.621720	0.69	0.754903	1.07	0.857690	1.45	0.926471	1.83	0.966375
0.32	0.625516	0.70	0.758036	1.08	0.859929	1.46	0.927855	1.84	0.967116
0.33	0.629300	0.71	0.761148	1.09	0.862143	1.47	0.929219	1.85	0.967843
0.34	0.633072	0.72	0.764238	1.10	0.864334	1.48	0.930563	1.86	0.968557
0.35	0.636831	0.73	0.767305	1.11	0.866500	1.49	0.931888	1.87	0.969258
0.36	0.640576	0.74	0.770350	1.12	0.868643	1.50	0.933193	1.88	0.969946
0.37	0.644309	0.75	0.773373	1.13	0.870762	1.51	0.934478	1.89	0.970621

z	$\Phi(z)$	z	$\Phi(z)$	z	$\Phi(z)$	z	$\Phi(z)$	z	$\Phi(z)$
1.90	0.971283	2.31	0.989556	2.72	0.996736	3.13	0.999126	3.54	0.999800
1.91	0.971933	2.32	0.989830	2.73	0.996833	3.14	0.999155	3.55	0.999807
1.92	0.972571	2.33	0.990097	2.74	0.996928	3.15	0.999184	3.56	0.999815
1.93	0.973197	2.34	0.990358	2.75	0.997020	3.16	0.999211	3.57	0.999822
1.94	0.973810	2.35	0.990613	2.76	0.997110	3.17	0.999238	3.58	0.999828
1.95	0.974412	2.36	0.990863	2.77	0.997197	3.18	0.999264	3.59	0.999835
1.96	0.975002	2.37	0.991106	2.78	0.997282	3.19	0.999289	3.60	0.999841
1.97	0.975581	2.38	0.991344	2.79	0.997365	3.20	0.999313	3.61	0.999847
1.98	0.976148	2.39	0.991576	2.80	0.997445	3.21	0.999336	3.62	0.999853
1.99	0.976705	2.40	0.991802	2.81	0.997523	3.22	0.999359	3.63	0.999858
2.00	0.977250	2.41	0.992024	2.82	0.997599	3.23	0.999381	3.64	0.999864
2.01	0.977784	2.42	0.992240	2.83	0.997673	3.24	0.999402	3.65	0.999869
2.02	0.978308	2.43	0.992451	2.84	0.997744	3.25	0.999423	3.66	0.999874
2.03	0.978822	2.44	0.992656	2.85	0.997814	3.26	0.999443	3.67	0.999879
2.04	0.979325	2.45	0.992857	2.86	0.997882	3.27	0.999462	3.68	0.999883
2.05	0.979818	2.46	0.993053	2.87	0.997948	3.28	0.999481	3.69	0.999888
2.06	0.980301	2.47	0.993244	2.88	0.998012	3.29	0.999499	3.70	0.999892
2.07	0.980774	2.48	0.993431	2.89	0.998074	3.30	0.999517	3.71	0.999896
2.08	0.981237	2.49	0.993613	2.90	0.998134	3.31	0.999534	3.72	0.999900
2.09	0.981691	2.50	0.993790	2.91	0.998193	3.32	0.999550	3.73	0.999904
2.10	0.982136	2.51	0.993963	2.92	0.998250	3.33	0.999566	3.74	0.999908
2.11	0.982571	2.52	0.994132	2.93	0.998305	3.34	0.999581	3.75	0.999912
2.12	0.982997	2.53	0.994297	2.94	0.998359	3.35	0.999596	3.76	0.999915
2.13	0.983414	2.54	0.994457	2.95	0.998411	3.36	0.999610	3.77	0.999918
2.14	0.983823	2.55	0.994614	2.96	0.998462	3.37	0.999624	3.78	0.999922
2.15	0.984222	2.56	0.994766	2.97	0.998511	3.38	0.999638	3.79	0.999925
2.16	0.984614	2.57	0.994915	2.98	0.998559	3.39	0.999651	3.80	0.999928
2.17	0.984997	2.58	0.995060	2.99	0.998605	3.40	0.999663	3.81	0.999931
2.18	0.985371	2.59	0.995201	3.00	0.998650	3.41	0.999675	3.82	0.999933
2.19	0.985738	2.60	0.995339	3.01	0.998694	3.42	0.999687	3.83	0.999936
2.20	0.986097	2.61	0.995473	3.02	0.998736	3.43	0.999698	3.84	0.999938
2.21	0.986447	2.62	0.995604	3.03	0.998777	3.44	0.999709	3.85	0.999941
2.22	0.986791	2.63	0.995731	3.04	0.998817	3.45	0.999720	3.86	0.999943
2.23	0.987126	2.64	0.995855	3.05	0.998856	3.46	0.999730	3.87	0.999946
2.24	0.987455	2.65	0.995975	3.06	0.998893	3.47	0.999740	3.88	0.999948
2.25	0.987776	2.66	0.996093	3.07	0.998930	3.48	0.999749	3.89	0.999950
2.26	0.988089	2.67	0.996207	3.08	0.998965	3.49	0.999758	3.90	0.999952
2.27	0.988396	2.68	0.996319	3.09	0.998999	3.50	0.999767	3.91	0.999954
2.28	0.988696	2.69	0.996427	3.10	0.999032	3.51	0.999776	3.92	0.999956
2.29	0.988989	2.70	0.996533	3.11	0.999065	3.52	0.999784	3.93	0.999958
2.30	0.989276	2.71	0.996636	3.12	0.999096	3.53	0.999792	3.94	0.999959

付表 2　t 分布のパーセント点

$$\int_{-\infty}^{x} \frac{\Gamma[(n+1)/2]}{\sqrt{n\pi}\Gamma(n/2)} \left(1+\frac{y^2}{n}\right)^{-(n+1)/2} dy = p$$

n \ p	.75	.80	.85	.90	.95	.975	.99	.995
1	1.000	1.376	1.963	3.078	6.314	12.706	31.821	63.657
2	.816	1.061	1.386	1.886	2.920	4.303	6.965	9.925
3	.765	.978	1.250	1.638	2.353	3.182	4.541	5.841
4	.741	.941	1.190	1.533	2.132	2.776	3.747	4.604
5	.727	.920	1.156	1.476	2.015	2.571	3.365	4.032
6	.718	.906	1.134	1.440	1.943	2.447	3.143	3.707
7	.711	.896	1.119	1.415	1.895	2.365	2.998	3.499
8	.706	.889	1.108	1.397	1.860	2.306	2.896	3.355
9	.703	.883	1.100	1.383	1.833	2.262	2.821	3.250
10	.700	.879	1.093	1.372	1.812	2.228	2.764	3.169
11	.697	.876	1.088	1.363	1.796	2.201	2.718	3.106
12	.695	.873	1.083	1.356	1.782	2.179	2.681	3.055
13	.694	.870	1.079	1.350	1.771	2.160	2.650	3.012
14	.692	.868	1.076	1.345	1.761	2.145	2.624	2.977
15	.691	.866	1.074	1.341	1.753	2.131	2.602	2.947
16	.690	.865	1.071	1.337	1.746	2.120	2.583	2.921
17	.689	.863	1.069	1.333	1.740	2.110	2.567	2.898
18	.688	.862	1.067	1.330	1.734	2.101	2.552	2.878
19	.688	.861	1.066	1.328	1.729	2.093	2.539	2.861
20	.687	.860	1.064	1.325	1.725	2.086	2.528	2.845
21	.686	.859	1.063	1.323	1.721	2.080	2.518	2.831
22	.686	.858	1.061	1.321	1.717	2.074	2.508	2.819
23	.685	.858	1.060	1.319	1.714	2.069	2.500	2.807
24	.685	.857	1.059	1.318	1.711	2.064	2.492	2.797
25	.684	.856	1.058	1.316	1.708	2.060	2.485	2.787
26	.684	.856	1.058	1.315	1.706	2.056	2.479	2.779
27	.684	.855	1.057	1.314	1.703	2.052	2.473	2.771
28	.683	.855	1.056	1.313	1.701	2.048	2.467	2.763
29	.683	.854	1.055	1.311	1.699	2.045	2.462	2.756
30	.683	.854	1.055	1.310	1.697	2.042	2.457	2.750
35	.682	.852	1.052	1.306	1.690	2.030	2.438	2.724
40	.681	.851	1.050	1.303	1.684	2.021	2.423	2.704
45	.680	.850	1.049	1.301	1.679	2.014	2.412	2.690
50	.679	.849	1.047	1.299	1.676	2.009	2.403	2.678
60	.679	.848	1.045	1.296	1.671	2.000	2.390	2.660
80	.678	.846	1.043	1.292	1.664	1.990	2.374	2.639
120	.677	.845	1.041	1.289	1.658	1.980	2.358	2.617
∞	.674	.842	1.036	1.282	1.645	1.960	2.326	2.576

付表 3　χ^2 分布のパーセント点

$$\int_0^x \frac{1}{2^{n/2}\Gamma(n/2)} y^{(n/2)-1} e^{-y/2} dy = p$$

n \ p	.005	.01	.025	.05	.10	.20	.30	.40
1	.00004	.00016	.00098	.00393	.0158	.0642	.1485	.2750
2	.0100	.0201	.0506	.1026	.2107	.4463	.7134	1.0217
3	.0717	.1148	.2158	.3518	.5844	1.0052	1.4237	1.8692
4	.2070	.2971	.4844	.7107	1.0636	1.6488	2.1947	2.7528
5	.4117	.5543	.8312	1.1455	1.6103	2.3425	2.9999	3.6555
6	.6757	.8721	1.2373	1.6354	2.2041	3.0701	3.8276	4.5702
7	.9893	1.2390	1.6899	2.1674	2.8331	3.8223	4.6713	5.4932
8	1.3444	1.6465	2.1797	2.7326	3.4895	4.5936	5.5274	6.4227
9	1.7349	2.0879	2.7004	3.3251	4.1682	5.3801	6.3933	7.3570
10	2.1559	2.5582	3.2470	3.9403	4.8652	6.1791	7.2672	8.2955
11	2.6032	3.0535	3.8158	4.5748	5.5778	6.9887	8.1479	9.2373
12	3.0738	3.5706	4.4038	5.2260	6.3038	7.8073	9.0343	10.182
13	3.5650	4.1069	5.0088	5.8919	7.0415	8.6339	9.9257	11.129
14	4.0747	4.6604	5.6287	6.5706	7.7895	9.4673	10.822	12.079
15	4.6009	5.2294	6.2621	7.2609	8.5468	10.307	11.721	13.030
16	5.1422	5.8122	6.9077	7.9617	9.3122	11.152	12.624	13.983
17	5.6972	6.4078	7.5642	8.6718	10.085	12.002	13.531	14.937
18	6.2648	7.0149	8.2308	9.3905	10.865	12.857	14.440	15.893
19	6.8440	7.6327	8.9065	10.117	11.651	13.716	15.352	16.850
20	7.4338	8.2604	9.5908	10.851	12.443	14.578	16.266	17.809
21	8.0337	8.8972	10.283	11.591	13.240	15.445	17.182	18.768
22	8.6427	9.5425	10.982	12.338	14.042	16.314	18.101	19.729
23	9.2604	10.196	11.689	13.091	14.848	17.187	19.021	20.690
24	9.8862	10.856	12.401	13.848	15.659	18.062	19.943	21.653
25	10.520	11.524	13.120	14.611	16.473	18.940	20.867	22.616
26	11.160	12.198	13.844	15.379	17.292	19.820	21.792	23.579
27	11.808	12.879	14.573	16.151	18.114	20.703	22.719	24.544
28	12.461	13.565	15.308	16.928	18.939	21.588	23.648	25.509
29	13.121	14.257	16.047	17.708	19.768	22.475	24.577	26.475
30	13.787	14.954	16.791	18.493	20.599	23.364	25.508	27.442
35	17.192	18.509	20.569	22.465	24.797	27.836	30.178	32.282
40	20.707	22.164	24.433	26.509	29.051	32.345	34.872	37.134
50	27.991	29.707	32.357	34.764	37.689	41.449	44.313	46.864
60	35.535	37.485	40.482	43.188	46.459	50.641	53.809	56.620
70	43.275	45.442	48.758	51.739	55.329	59.898	63.346	66.396
80	51.172	53.540	57.153	60.392	64.278	69.207	72.915	76.188
90	59.196	61.754	65.647	69.126	73.291	78.558	82.511	85.993
100	67.328	70.065	74.222	77.930	82.358	87.945	92.129	95.808
140	100.66	104.03	109.14	113.66	119.03	125.76	130.77	135.15

$$\int_0^x \frac{1}{2^{n/2}\Gamma(n/2)} y^{(n/2)-1} e^{-y/2} dy = p$$

n \ p	.60	.70	.80	.90	.95	.975	.99	.995
1	.7083	1.0742	1.6424	2.7055	3.8415	5.0239	6.6349	7.8794
2	1.8326	2.4080	3.2189	4.6052	5.9915	7.3778	9.2103	10.597
3	2.9462	3.6649	4.6416	6.2514	7.8147	9.3484	11.345	12.838
4	4.0446	4.8784	5.9886	7.7794	9.4877	11.143	13.277	14.860
5	5.1319	6.0644	7.2893	9.2364	11.071	12.833	15.086	16.750
6	6.2108	7.2311	8.5581	10.645	12.592	14.449	16.812	18.548
7	7.2832	8.3834	9.8033	12.017	14.067	16.013	18.475	20.278
8	8.3505	9.5245	11.030	13.362	15.507	17.535	20.090	21.955
9	9.4136	10.656	12.242	14.684	16.919	19.023	21.666	23.589
10	10.473	11.781	13.442	15.987	18.307	20.483	23.209	25.188
11	11.530	12.899	14.631	17.275	19.675	21.920	24.725	26.757
12	12.584	14.011	15.812	18.549	21.026	23.337	26.217	28.300
13	13.636	15.119	16.985	19.812	22.362	24.736	27.688	29.820
14	14.685	16.222	18.151	21.064	23.685	26.119	29.141	31.319
15	15.733	17.322	19.311	22.307	24.996	27.488	30.578	32.801
16	16.780	18.418	20.465	23.542	26.296	28.845	32.000	34.267
17	17.824	19.511	21.615	24.769	27.587	30.191	33.409	35.719
18	18.868	20.601	22.760	25.989	28.869	31.526	34.805	37.157
19	19.910	21.689	23.900	27.204	30.144	32.852	36.191	38.582
20	20.951	22.775	25.038	28.412	31.410	34.170	37.566	39.997
21	21.992	23.858	26.171	29.615	32.671	35.479	38.932	41.401
22	23.031	24.939	27.302	30.813	33.924	36.781	40.289	42.796
23	24.069	26.018	28.429	32.007	35.173	38.076	41.638	44.181
24	25.106	27.096	29.553	33.196	36.415	39.364	42.980	45.559
25	26.143	28.172	30.675	34.382	37.653	40.647	44.314	46.928
26	27.179	29.246	31.795	35.563	38.885	41.923	45.642	48.290
27	28.214	30.319	32.912	36.741	40.113	43.195	46.963	49.645
28	29.249	31.391	34.027	37.916	41.337	44.461	48.278	50.993
29	30.283	32.461	35.139	39.086	42.557	45.722	49.588	52.336
30	31.316	33.530	36.250	40.256	43.773	46.979	50.892	53.672
35	36.475	38.859	41.778	46.059	49.802	53.203	57.342	60.275
40	41.622	44.165	47.269	51.805	55.759	59.342	63.691	66.766
50	51.892	54.723	58.164	63.167	67.505	71.420	76.154	79.490
60	62.135	65.227	68.972	74.397	79.082	83.298	88.379	91.952
70	72.358	75.689	79.715	85.527	90.531	95.023	100.43	104.22
80	82.566	86.120	90.405	96.578	101.88	106.63	112.33	116.32
90	92.761	96.524	101.05	107.57	113.15	118.14	124.12	128.30
100	102.95	106.91	111.67	118.50	124.34	129.56	135.81	140.17
140	143.60	148.27	153.85	161.83	168.61	174.65	181.84	186.85

付表 4　自由度 m, n の F 分布のパーセント点

$$\int_0^x \frac{\Gamma[(m+n)/2]m^{m/2}n^{n/2}}{\Gamma(m/2)\Gamma(n/2)} \cdot \frac{y^{(m/2)-1}}{(my+n)^{(m+n)/2}}dy = p$$

$p = 0.950$

n \ m	1	2	3	4	5	6	7	8	9
1	161.448	199.500	215.707	224.583	230.162	233.986	236.768	238.883	240.543
2	18.513	19.000	19.164	19.247	19.296	19.330	19.353	19.371	19.385
3	10.128	9.552	9.277	9.117	9.013	8.941	8.887	8.845	8.812
4	7.709	6.944	6.591	6.388	6.256	6.163	6.094	6.041	5.999
5	6.608	5.786	5.409	5.192	5.050	4.950	4.876	4.818	4.772
6	5.987	5.143	4.757	4.534	4.387	4.284	4.207	4.174	4.099
7	5.591	4.737	4.347	4.120	3.972	3.866	3.787	3.726	3.677
8	5.318	4.459	4.066	3.838	3.687	3.581	3.500	3.438	3.388
9	5.117	4.256	3.863	3.633	3.482	3.374	3.293	3.230	3.179
10	4.965	4.103	3.708	3.478	3.326	3.217	3.135	3.072	3.020
11	4.844	3.982	3.587	3.357	3.204	3.095	3.012	2.948	2.896
12	4.747	3.885	3.490	3.259	3.106	2.996	2.913	2.849	2.796
13	4.667	3.806	3.411	3.179	3.025	2.915	2.832	2.767	2.714
14	4.600	3.739	3.344	3.112	2.958	2.848	2.764	2.699	2.646
15	4.543	3.682	3.287	3.056	2.901	2.790	2.707	2.641	2.588
16	4.494	3.634	3.239	3.007	2.852	2.741	2.657	2.591	2.538
17	4.451	3.592	3.197	2.965	2.810	2.699	2.614	2.548	2.494
18	4.414	3.555	3.160	2.928	2.773	2.661	2.577	2.510	2.456
19	4.381	3.522	3.127	2.895	2.740	2.628	2.544	2.477	2.423
20	4.351	3.493	3.098	2.866	2.711	2.599	2.514	2.447	2.393
21	4.325	3.467	3.072	2.840	2.685	2.573	2.488	2.420	2.366
22	4.301	3.443	3.049	2.817	2.661	2.549	2.464	2.397	2.342
23	4.279	3.422	3.028	2.796	2.640	2.528	2.442	2.375	2.320
24	4.260	3.403	3.009	2.776	2.621	2.508	2.423	2.355	2.300
25	4.242	3.385	2.991	2.759	2.603	2.490	2.405	2.337	2.282
26	4.225	3.369	2.975	2.743	2.587	2.474	2.388	2.321	2.265
27	4.210	3.354	2.960	2.728	2.572	2.459	2.373	2.305	2.250
28	4.196	3.340	2.947	2.714	2.558	2.445	2.359	2.291	2.236
29	4.183	3.328	2.934	2.701	2.545	2.432	2.346	2.278	2.223
30	4.171	3.316	2.922	2.690	2.534	2.421	2.334	2.266	2.211
40	4.085	3.232	2.839	2.606	2.449	2.336	2.249	2.180	2.124
50	4.034	3.183	2.790	2.557	2.400	2.286	2.199	2.130	2.073
60	4.001	3.150	2.758	2.525	2.368	2.254	2.167	2.097	2.040
80	3.960	3.111	2.719	2.486	2.329	2.214	2.126	2.056	1.999
120	3.920	3.072	2.680	2.447	2.290	2.175	2.087	2.016	1.959
240	3.880	3.033	2.642	2.409	2.252	2.136	2.048	1.977	1.919
∞	3.841	2.996	2.605	2.372	2.214	2.099	2.010	1.938	1.880

$$\int_0^x \frac{\Gamma[(m+n)/2]m^{m/2}n^{n/2}}{\Gamma(m/2)\Gamma(n/2)} \cdot \frac{y^{(m/2)^{-1}}}{(my+n)^{(m+n)/2}} dy = p$$

$p = 0.950$

n \ m	10	12	15	20	30	40	60	120	∞
1	241.882	243.906	245.950	248.013	250.095	251.143	252.196	253.253	254.314
2	19.396	19.413	19.429	19.446	19.462	19.471	19.479	19.487	19.496
3	8.786	8.745	8.703	8.660	8.617	8.594	8.572	8.549	8.526
4	5.964	5.912	5.858	5.803	5.746	5.717	5.688	5.658	5.628
5	4.735	4.678	4.619	4.558	4.496	4.464	4.431	4.398	4.365
6	4.060	4.000	3.938	3.874	3.808	3.774	3.740	3.705	3.669
7	3.637	3.575	3.511	3.445	3.376	3.340	3.304	3.267	3.230
8	3.347	3.284	3.218	3.150	3.079	3.043	3.005	2.967	2.928
9	3.137	3.073	3.006	2.936	2.864	2.826	2.787	2.748	2.707
10	2.978	2.913	2.845	2.774	2.700	2.661	2.621	2.580	2.538
11	2.854	2.788	2.719	2.646	2.570	2.531	2.490	2.448	2.404
12	2.753	2.687	2.617	2.544	2.466	2.426	2.384	2.341	2.296
13	2.671	2.604	2.533	2.459	2.380	2.339	2.297	2.252	2.206
14	2.602	2.534	2.463	2.388	2.308	2.266	2.223	2.178	2.131
15	2.544	2.475	2.403	2.328	2.247	2.204	2.160	2.114	2.066
16	2.494	2.425	2.352	2.276	2.194	2.151	2.106	2.059	2.010
17	2.450	2.381	2.308	2.230	2.148	2.104	2.058	2.011	1.960
18	2.412	2.342	2.269	2.191	2.107	2.063	2.017	1.968	1.917
19	2.378	2.308	2.234	2.155	2.071	2.026	1.980	1.930	1.878
20	2.348	2.278	2.203	2.124	2.039	1.994	1.946	1.896	1.843
21	2.321	2.250	2.176	2.096	2.010	1.965	1.916	1.866	1.812
22	2.297	2.226	2.151	2.071	1.984	1.938	1.889	1.838	1.783
23	2.275	2.204	2.128	2.048	1.961	1.914	1.865	1.813	1.757
24	2.255	2.183	2.108	2.027	1.939	1.892	1.842	1.790	1.733
25	2.236	2.165	2.089	2.007	1.919	1.872	1.822	1.768	1.711
26	2.220	2.148	2.072	1.990	1.901	1.853	1.803	1.749	1.691
27	2.204	2.132	2.056	1.974	1.884	1.836	1.785	1.731	1.672
28	2.190	2.118	2.041	1.959	1.869	1.820	1.769	1.714	1.654
29	2.177	2.104	2.027	1.945	1.854	1.806	1.754	1.698	1.638
30	2.165	2.092	2.015	1.932	1.841	1.792	1.740	1.683	1.622
40	2.077	2.003	1.924	1.839	1.744	1.693	1.637	1.577	1.509
50	2.026	1.952	1.871	1.784	1.687	1.634	1.576	1.511	1.438
60	1.993	1.917	1.836	1.748	1.649	1.594	1.534	1.467	1.389
80	1.951	1.875	1.793	1.703	1.602	1.545	1.482	1.411	1.325
120	1.910	1.834	1.750	1.659	1.554	1.495	1.429	1.352	1.254
240	1.870	1.793	1.708	1.614	1.507	1.445	1.375	1.290	1.170
∞	1.831	1.752	1.666	1.571	1.459	1.394	1.318	1.221	1.000

$$\int_0^x \frac{\Gamma[(m+n)/2]m^{m/2}n^{n/2}}{\Gamma(m/2)\Gamma(n/2)} \cdot \frac{y^{(m/2)^{-1}}}{(my+n)^{(m+n)/2}} dy = p$$

$p = 0.975$

n \ m	1	2	3	4	5	6	7	8	9
1	647.789	799.500	864.163	899.583	921.848	937.111	948.217	956.656	963.285
2	38.506	39.000	39.165	39.248	39.298	39.331	39.355	39.373	39.387
3	17.443	16.044	15.439	15.101	14.885	14.735	14.624	14.540	14.473
4	12.218	10.649	9.979	9.605	9.364	9.197	9.074	8.980	8.905
5	10.007	8.434	7.764	7.388	7.146	6.978	6.853	6.757	6.681
6	8.813	7.260	6.599	6.227	5.988	5.820	5.695	5.600	5.523
7	8.073	6.542	5.890	5.523	5.285	5.119	4.995	4.899	4.823
8	7.571	6.059	5.416	5.053	4.817	4.652	4.529	4.433	4.357
9	7.209	5.715	5.078	4.718	4.484	4.320	4.197	4.102	4.026
10	6.937	5.456	4.826	4.468	4.236	4.072	3.950	3.855	3.779
11	6.724	5.256	4.630	4.275	4.044	3.881	3.759	3.664	3.588
12	6.554	5.096	4.474	4.121	3.891	3.728	3.607	3.512	3.436
13	6.414	4.965	4.347	3.996	3.767	3.604	3.483	3.388	3.312
14	6.298	4.857	4.242	3.892	3.663	3.501	3.380	3.285	3.209
15	6.200	4.765	4.153	3.804	3.576	3.415	3.293	3.199	3.123
16	6.115	4.687	4.077	3.729	3.502	3.341	3.219	3.125	3.049
17	6.042	4.619	4.011	3.665	3.438	3.277	3.156	3.061	2.985
18	5.978	4.560	3.954	3.608	3.382	3.221	3.100	3.005	2.929
19	5.922	4.508	3.903	3.559	3.333	3.172	3.051	2.956	2.880
20	5.871	4.461	3.859	3.515	3.289	3.128	3.007	2.913	2.837
21	5.827	4.420	3.819	3.475	3.250	3.090	2.969	2.874	2.798
22	5.786	4.383	3.783	3.440	3.215	3.055	2.934	2.839	2.763
23	5.750	4.349	3.750	3.408	3.183	3.023	2.902	2.808	2.731
24	5.717	4.319	3.721	3.379	3.155	2.995	2.874	2.779	2.703
25	5.686	4.291	3.694	3.353	3.129	2.969	2.848	2.753	2.677
26	5.659	4.265	3.670	3.329	3.105	2.945	2.824	2.729	2.653
27	5.633	4.242	3.647	3.307	3.083	2.923	2.802	2.707	2.631
28	5.610	4.221	3.626	3.286	3.063	2.903	2.782	2.687	2.611
29	5.588	4.201	3.607	3.267	3.044	2.884	2.763	2.669	2.592
30	5.568	4.182	3.589	3.250	3.026	2.867	2.746	2.651	2.575
40	5.424	4.051	3.463	3.126	2.904	2.744	2.624	2.529	2.452
50	5.340	3.975	3.390	3.054	2.833	2.674	2.553	2.458	2.381
60	5.286	3.925	3.343	3.008	2.786	2.627	2.507	2.412	2.334
80	5.218	3.864	3.284	2.950	2.730	2.571	2.450	2.355	2.277
120	5.152	3.805	3.227	2.894	2.674	2.515	2.395	2.299	2.222
240	5.088	3.746	3.171	2.839	2.620	2.461	2.341	2.245	2.167
∞	5.024	3.689	3.116	2.786	2.567	2.408	2.288	2.192	2.114

$$\int_0^x \frac{\Gamma[(m+n)/2]m^{m/2}n^{n/2}}{\Gamma(m/2)\Gamma(n/2)} \cdot \frac{y^{(m/2)^{-1}}}{(my+n)^{(m+n)/2}}dy = p$$

$\boldsymbol{p = 0.975}$

n \ m	10	12	15	20	30	40	60	120	∞
1	968.627	976.708	984.867	993.103	1001.414	1005.598	1009.800	1014.020	1018.258
2	39.398	39.415	39.431	39.448	39.465	39.473	39.481	39.490	39.498
3	14.419	14.337	14.253	14.167	14.081	14.037	13.992	13.947	13.902
4	8.844	8.751	8.657	8.560	8.461	8.411	8.360	8.309	8.257
5	6.619	6.525	6.428	6.329	6.227	6.175	6.123	6.069	6.015
6	5.461	5.366	5.269	5.168	5.065	5.012	4.959	4.904	4.849
7	4.761	4.666	4.568	4.467	4.362	4.309	4.254	4.199	4.142
8	4.295	4.200	4.101	3.999	3.894	3.840	3.784	3.728	3.670
9	3.964	3.868	3.769	3.667	3.560	3.505	3.449	3.392	3.333
10	3.717	3.621	3.522	3.419	3.311	3.255	3.198	3.140	3.080
11	3.526	3.430	3.330	3.226	3.118	3.061	3.004	2.944	2.883
12	3.374	3.277	3.177	3.073	2.963	2.906	2.848	2.787	2.725
13	3.250	3.153	3.053	2.948	2.837	2.780	2.720	2.659	2.595
14	3.147	3.050	2.949	2.844	2.732	2.674	2.614	2.552	2.487
15	3.060	2.963	2.862	2.756	2.644	2.585	2.524	2.461	2.395
16	2.986	2.889	2.788	2.681	2.568	2.509	2.447	2.383	2.316
17	2.922	2.825	2.723	2.616	2.502	2.442	2.380	2.315	2.247
18	2.866	2.769	2.667	2.559	2.445	2.384	2.321	2.256	2.187
19	2.817	2.720	2.617	2.509	2.394	2.333	2.270	2.203	2.133
20	2.774	2.676	2.573	2.464	2.349	2.287	2.223	2.156	2.085
21	2.735	2.637	2.534	2.425	2.308	2.246	2.182	2.114	2.042
22	2.700	2.602	2.498	2.389	2.272	2.210	2.145	2.076	2.003
23	2.668	2.570	2.466	2.357	2.239	2.176	2.111	2.041	1.968
24	2.640	2.541	2.437	2.327	2.209	2.146	2.080	2.010	1.935
25	2.613	2.515	2.411	2.300	2.182	2.118	2.052	1.981	1.906
26	2.590	2.491	2.387	2.276	2.157	2.093	2.026	1.954	1.878
27	2.568	2.469	2.364	2.253	2.133	2.069	2.002	1.930	1.853
28	2.547	2.448	2.344	2.232	2.112	2.048	1.980	1.907	1.829
29	2.529	2.430	2.325	2.213	2.092	2.028	1.959	1.886	1.807
30	2.511	2.412	2.307	2.195	2.074	2.009	1.940	1.866	1.787
40	2.388	2.288	2.182	2.068	1.943	1.875	1.803	1.724	1.637
50	2.317	2.216	2.109	1.993	1.866	1.796	1.721	1.639	1.545
60	2.270	2.169	2.061	1.944	1.815	1.744	1.667	1.581	1.482
80	2.213	2.111	2.003	1.884	1.752	1.679	1.599	1.508	1.400
120	2.157	2.055	1.945	1.825	1.690	1.614	1.530	1.433	1.310
240	2.102	1.999	1.888	1.766	1.628	1.549	1.460	1.354	1.206
∞	2.048	1.945	1.833	1.708	1.566	1.484	1.388	1.268	1.000

$$\int_0^x \frac{\Gamma[(m+n)/2]m^{m/2}n^{n/2}}{\Gamma(m/2)\Gamma(n/2)} \cdot \frac{y^{(m/2)^{-1}}}{(my+n)^{(m+n)/2}} dy = p$$

$\boldsymbol{p = 0.990}$

n \ m	1	2	3	4	5	6	7	8	9
1	4052.18	4999.50	5403.35	5624.58	5763.65	5858.99	5928.36	5981.07	6022.47
2	98.503	99.000	99.166	99.249	99.299	99.333	99.356	99.374	99.388
3	34.116	30.817	29.457	28.710	28.237	27.911	27.672	27.489	27.345
4	21.198	18.000	16.694	15.977	15.522	15.207	14.976	14.799	14.659
5	16.258	13.274	12.060	11.392	10.967	10.672	10.456	10.289	10.158
6	13.745	10.925	9.780	9.148	8.746	8.466	8.260	8.102	7.976
7	12.246	9.547	8.451	7.847	7.460	7.191	6.993	6.840	6.719
8	11.259	8.649	7.591	7.006	6.632	6.371	6.178	6.029	5.911
9	10.561	8.022	6.992	6.422	6.057	5.802	5.613	5.467	5.351
10	10.044	7.559	6.552	5.994	5.636	5.386	5.200	5.057	4.942
11	9.646	7.206	6.217	5.668	5.316	5.069	4.886	4.744	4.632
12	9.330	6.927	5.953	5.412	5.064	4.821	4.640	4.499	4.388
13	9.074	6.701	5.739	5.205	4.862	4.620	4.441	4.302	4.191
14	8.862	6.515	5.564	5.035	4.695	4.456	4.278	4.140	4.030
15	8.683	6.359	5.417	4.893	4.556	4.318	4.142	4.004	3.895
16	8.531	6.226	5.292	4.773	4.437	4.202	4.026	3.890	3.780
17	8.400	6.112	5.185	4.669	4.336	4.102	3.927	3.791	3.682
18	8.285	6.013	5.092	4.579	4.248	4.015	3.841	3.705	3.597
19	8.185	5.926	5.010	4.500	4.171	3.939	3.765	3.631	3.523
20	8.096	5.849	4.938	4.431	4.103	3.871	3.699	3.564	3.457
21	8.017	5.780	4.874	4.369	4.042	3.812	3.640	3.506	3.398
22	7.945	5.719	4.817	4.313	3.988	3.758	3.587	3.453	3.346
23	7.881	5.664	4.765	4.264	3.939	3.710	3.539	3.406	3.299
24	7.823	5.614	4.718	4.218	3.895	3.667	3.496	3.363	3.256
25	7.770	5.568	4.675	4.177	3.855	3.627	3.457	3.324	3.217
26	7.721	5.526	4.637	4.140	3.818	3.591	3.421	3.288	3.182
27	7.677	5.488	4.601	4.106	3.785	3.558	3.388	3.256	3.149
28	7.636	5.453	4.568	4.074	3.754	3.528	3.358	3.226	3.120
29	7.598	5.420	4.538	4.045	3.725	3.499	3.330	3.198	3.092
30	7.562	5.390	4.510	4.018	3.699	3.473	3.304	3.173	3.067
40	7.314	5.179	4.313	3.828	3.514	3.291	3.124	2.993	2.888
50	7.171	5.057	4.199	3.720	3.408	3.186	3.020	2.890	2.785
60	7.077	4.977	4.126	3.649	3.339	3.119	2.953	2.823	2.718
80	6.963	4.881	4.036	3.563	3.255	3.036	2.871	2.742	2.637
120	6.851	4.787	3.949	3.480	3.174	2.956	2.792	2.663	2.559
240	6.742	4.695	3.864	3.398	3.094	2.878	2.714	2.586	2.482
∞	6.635	4.605	3.782	3.319	3.017	2.802	2.639	2.511	2.407

$$\int_0^x \frac{\Gamma[(m+n)/2]m^{m/2}n^{n/2}}{\Gamma(m/2)\Gamma(n/2)} \cdot \frac{y^{(m/2)^{-1}}}{(my+n)^{(m+n)/2}} dy = p$$

$\boldsymbol{p = 0.990}$

n \ m	10	12	15	20	30	40	60	120	∞
1	6055.85	6106.32	6157.29	6208.73	6260.65	6286.78	6313.03	6339.39	6365.86
2	99.399	99.416	99.433	99.449	99.466	99.474	99.482	99.491	99.499
3	27.229	27.052	26.872	26.690	26.505	26.411	26.316	26.221	26.125
4	14.546	14.374	14.198	14.020	13.838	13.745	13.652	13.558	13.463
5	10.051	9.888	9.722	9.553	9.379	9.291	9.202	9.112	9.020
6	7.874	7.718	7.559	7.396	7.229	7.143	7.057	6.969	6.880
7	6.620	6.469	6.314	6.155	5.992	5.908	5.824	5.737	5.650
8	5.814	5.667	5.515	5.359	5.198	5.116	5.032	4.946	4.859
9	5.257	5.111	4.962	4.808	4.649	4.567	4.483	4.398	4.311
10	4.849	4.706	4.558	4.405	4.247	4.165	4.082	3.996	3.909
11	4.539	4.397	4.251	4.099	3.941	3.860	3.776	3.690	3.602
12	4.296	4.155	4.010	3.858	3.701	3.619	3.535	3.449	3.361
13	4.100	3.960	3.815	3.665	3.507	3.425	3.341	3.255	3.165
14	3.939	3.800	3.656	3.505	3.348	3.266	3.181	3.094	3.004
15	3.805	3.666	3.522	3.372	3.214	3.132	3.047	2.959	2.868
16	3.691	3.553	3.409	3.259	3.101	3.018	2.933	2.845	2.753
17	3.593	3.455	3.312	3.162	3.003	2.920	2.835	2.746	2.653
18	3.508	3.371	3.227	3.077	2.919	2.835	2.749	2.660	2.566
19	3.434	3.297	3.153	3.003	2.844	2.761	2.674	2.584	2.489
20	3.368	3.231	3.088	2.938	2.778	2.695	2.608	2.517	2.421
21	3.310	3.173	3.030	2.880	2.720	2.636	2.548	2.457	2.360
22	3.258	3.121	2.978	2.827	2.667	2.583	2.495	2.403	2.305
23	3.211	3.074	2.931	2.781	2.620	2.535	2.447	2.354	2.256
24	3.168	3.032	2.889	2.738	2.577	2.492	2.403	2.310	2.211
25	3.129	2.993	2.850	2.699	2.538	2.453	2.364	2.270	2.169
26	3.094	2.958	2.815	2.664	2.503	2.417	2.327	2.233	2.131
27	3.062	2.926	2.783	2.632	2.470	2.384	2.294	2.198	2.097
28	3.032	2.896	2.753	2.602	2.440	2.354	2.263	2.167	2.064
29	3.005	2.868	2.726	2.574	2.412	2.325	2.234	2.138	2.034
30	2.979	2.843	2.700	2.549	2.386	2.299	2.208	2.111	2.006
40	2.801	2.665	2.522	2.369	2.203	2.114	2.019	1.917	1.805
50	2.698	2.562	2.419	2.265	2.098	2.007	1.909	1.803	1.683
60	2.632	2.496	2.352	2.198	2.028	1.936	1.836	1.726	1.601
80	2.551	2.415	2.271	2.115	1.944	1.849	1.746	1.630	1.494
120	2.472	2.336	2.192	2.035	1.860	1.763	1.656	1.533	1.381
240	2.395	2.260	2.114	1.956	1.778	1.677	1.565	1.432	1.250
∞	2.321	2.185	2.039	1.878	1.696	1.592	1.473	1.325	1.000

問と章末問題　解答

第1章

問1　(i) (a) $\{1,2,3,4,5,6,7,8\}$ (b) $\{0,1,2,3,4,5\}$ (c) ϕ (d) C (e) Ω, (f) Ω (g) ϕ (h) $\{0,1,2,3,4,5,6,8\}$ (i) $\{2,4,6,8\}$ (j) ϕ (k) $\{0,1,2,3,4,5\}$
(ii) (a) $\{x\ ;\ 2 < x < \infty\}$ (b) $\{x\ ;\ 0 \le x \le 4\}$ (c) $\{x\ ;\ 1 < x \le 2\}$ (d) $\{x\ ;\ 2 < x \le 3\}$ (e) $\{x\ ;\ 0 \le x \le 1,\ 2 < x < \infty\}$ (f) $\{x\ ;\ 0 \le x \le 1,\ 2 < x < \infty\}$ (g) $\{x\ ;\ x = 2\}$ (h) $\{x\ ;\ 0 \le x \le 4\}$ (i) $\{x\ ;\ 1 < x \le 3\}$ (j) $\{x\ ;\ 1 < x \le 2\}$ (k) $\{x\ ;\ 0 \le x \le 1, 2 < x \le 4\}$

問2　(i) 0.65 (ii) 0.4 (iii) 0.6 (iv) 0.6 (v) 0.2 (vi) 0.4

問3　(i) $\frac{1}{99}$ (ii) $\frac{35}{99}$ (iii) $\frac{98}{99}$

問4　(i) $\frac{3}{7}$ (ii) $\frac{4}{7}$ (iii) 0.4 (iv) 0.6

問5　(i) (a) 0.4 (b) 0.6 (c) 0.2 (d) $\frac{2}{3}$ (e) $\frac{3}{7}$
(ii) (a) 0.5 (b) 1 (c) 0 (d) $\frac{2}{9}$ (e) 0.5
(iii) (a) $\frac{3}{8}$ (b) $\frac{5}{8}$ (c) 0.25 (d) 0.75

問6　(i) 0.15 (ii) 0.03 (iii) 0.15 (iv) 0.72 (v) 0.28 (vi) 0.5 (vii) 0.65

問7　$\frac{2}{3}$

章末問題

問題1　(i) $1-e^{-3}$ (ii) $e^{-1}-e^{-4}$ (iii) 0 (iv) $e^{-1}-e^{-3}$ (v) $1-e^{-4}$ (vi) e^{-3} (vii) $e^{-3}-e^{-4}$

問題2　(i) 0.8 (ii) 0.4 (iii) 0.8 (iv) 0.8 (v) 0.5 (vi) 0.5 (vii) 0.75 (viii) 0.75 (ix) $\frac{1}{3}$ (x) 独立でない

問題3　(i) (a) 0.12 (b) 0.58 (c) 0.18 (d) 0.4 (e) 1 (f) $\frac{20}{29}$
(ii) (a) 0 (b) 0.7 (c) 0.3 (d) 0 (e) 定義されない (f) $\frac{4}{7}$

問題4　(i) 0.65 (ii) 0.65 (iii) 0.35 (iv) 0.5 (v) 0.4 (vi) $\frac{6}{13}$ (vii) 独立でない

問題5〜8　略

第2章

問1　(i) $\frac{1}{3}$ (ii) $\frac{2}{3}$ (iii) $\frac{1}{3}$ (iv) $\frac{1}{3}$ (v) $\frac{7}{15}$ (vi) 1

問2　(i) $c=\frac{1}{9}$, $P(X<0.5)=\frac{1}{216}$, $P(0.5\le X\le 1)=\frac{7}{216}$, $P(0.5\le X\le 1|X>0.5)=\frac{7}{215}$ (ii) $c=\frac{1}{5}$, $P(X<0.5)=\frac{1}{8}$, $P(0.5\le X\le 1)=\frac{3}{40}$, $P(0.5\le X\le 1|X>0.5)=\frac{3}{35}$

問3　(i) $f_X(x)=\begin{cases}\frac{1}{2} & 0<x<2\\ 0 & \text{その他の場合}\end{cases}$ (ii) $f_X(x)=\begin{cases}\frac{8}{x^3} & x>2\\ 0 & \text{その他の場合}\end{cases}$

(iii) $f_X(x)=\begin{cases}\frac{1}{4} & 0\le x<2\\ \frac{1}{x^2} & x\ge 2\\ 0 & \text{その他の場合}\end{cases}$

問4　(i) $\sqrt[4]{8}$ (ii) $\sqrt[4]{12}$

問5　(i) $c=\frac{1}{20}$, $P(X=1,Y>1)=\frac{1}{20}$, $P(X=Y)=\frac{3}{20}$ (ii) $c=\frac{1}{24}$, $P(X=1,Y>1)=\frac{1}{8}$, $P(X=Y)=\frac{1}{12}$

問6　(i) (a) 0.000975 (b) 0.5 (c) 0

(ii) $f_X(x)=\begin{cases}\frac{1}{2}x & 0<x<2\\ 0 & \text{その他の場合}\end{cases}$

(iii) $f_Y(y)=\begin{cases}\frac{1}{2}y & 0<y<2\\ 0 & \text{その他の場合}\end{cases}$

(iv) $f_{Y|X}(y|x)=\begin{cases}\frac{1}{2}y & 0<y<2\\ 0 & \text{その他の場合}\end{cases}$ (v) 略

問7　$f_{X,Y}(x,y)=\begin{cases}\frac{3}{16}xy^2 & 0<x<2,\ 0<y<2\\ 0 & \text{その他の場合}\end{cases}$, $P(X>Y)=\frac{2}{5}$

問8　$f_Y(y)=\begin{cases}\frac{1}{2}e^{-\frac{y}{2}} & y>0\\ 0 & \text{その他の場合}\end{cases}$

※このときのYの分布は，自由度2のカイ二乗分布と呼ばれるものである（自由度nのカイ二乗分布については 3.9 節を参照）.

問9　(i) $f_Z(z)=\begin{cases}4ze^{-2z} & z>0\\ 0 & \text{その他の場合}\end{cases}$

(ii) $f_W(w)=\begin{cases}\frac{1}{(w+1)^2} & w>0\\ 0 & \text{その他の場合}\end{cases}$

問 10　$m_{X+2Y}(t) = \begin{cases} \frac{1}{2t^2}(e^t-1)(e^{2t}-1) & t \neq 0 \\ 1 & t = 0 \end{cases}$,

$m_{X-2Y}(t) = \begin{cases} -\frac{1}{2t^2}(e^t-1)(e^{-2t}-1) & t \neq 0 \\ 1 & t = 0 \end{cases}$

問 11　$\mathrm{E}(Y|X=x) = \frac{3x+4}{3(x+1)}$, $\mathrm{Var}(Y|X=x) = \frac{1}{3}\left\{1 - \frac{1}{3(x+1)^2}\right\}$

章末問題

問題 1　$a \leq b \leq 1-a,\ \ 0 \leq a \leq \frac{1}{2}$

問題 2　$\mathrm{E}(X) = 4, \mathrm{Var}(X) = \infty$

問題 3　$\mathrm{E}(X) = \frac{a+b}{2}, \mathrm{Var}(X) = \frac{(b-a)^2}{12}$,

$m_X(t) = \begin{cases} \frac{e^{tb}-e^{ta}}{t(b-a)} & t \neq 0 \\ 1 & t = 0 \end{cases}$

問題 4　$\mathrm{Var}(X+Y+Z) = 13$, $\mathrm{Var}(X-2Y-Z) = 16$

問題 5, 6　略

第 3 章

問 1, 2　略

問 3　0.2181

問 4　略

問 5　パラメータ $\frac{k}{n}$ のベルヌーイ分布

問 6　(i) 0.1460　(ii) 0.9437　(iii) 25 点

問 7, 8　略

問 9　(i) $9e^{-9}$　(ii) $1 - 50.5e^{-9}$　(iii) 9

問 10　(i) $6e^{-6}$　(ii) $1 - 25e^{-6}$　(iii) 6

問 11　略

問 12　(i) 0.1029　(ii) 2.3　(iii) 2.79

問 13　(i) 0.084　(ii) 0.38　(iii) 1

問 14　101 人

問 15　(i) 0.6555　(ii) 0.788　(iii) 0.841　(iv) 0.096　(v)0.327

問 16　0.835（連続修正すると 0.847）

問 17　61.52kg

問 18〜25　略

問 26　(i) 0.6　(ii) 0.84

章末問題

問題 1　(ii) $F_X(x) = \frac{1}{2} + \frac{1}{\pi}\arctan\left(\frac{x-\beta}{\alpha}\right), \qquad -\infty < x < \infty.$

問題 2　(ii) $F_X(x) = \begin{cases} \dfrac{1}{2}e^{\frac{(x-\alpha)}{\beta}} & x < \alpha \\ 1 - \dfrac{1}{2}e^{\frac{-(x-\alpha)}{\beta}} & x \geq \alpha \end{cases}$

(iii) $\mathrm{E}(X) = \alpha$，$\mathrm{Var}(X) = 2\beta^2$ (iv) $m_X(t) = \dfrac{e^{\alpha t}}{1-\beta^2 t^2}$，$|t| < \dfrac{1}{\beta}$

問題 3　(ii) $F_X(x) = \begin{cases} 0 & x < 0 \\ 1 - e^{-\alpha x^\beta} & x \geq 0 \end{cases}$

(iii) $\mathrm{E}(X) = \alpha^{-\frac{1}{\beta}}\Gamma\left(1+\dfrac{1}{\beta}\right)$，$\mathrm{Var}(X) = \alpha^{-\frac{2}{\beta}}\left[\Gamma\left(1+\dfrac{2}{\beta}\right) - \Gamma^2\left(1+\dfrac{1}{\beta}\right)\right]$

問題 4　(i) $F_X(x) = \begin{cases} 1 - \left(\dfrac{k}{x}\right)^\theta & x > k \\ 0 & x \leq k \end{cases}$

(ii) $\mathrm{E}(X) = \dfrac{\theta k}{\theta - 1}$，$\theta > 1$，$\mathrm{Var}(X) = \dfrac{\theta k^2}{\theta - 2} - \left(\dfrac{\theta k}{\theta - 1}\right)^2$，$\theta > 2$

問題 5　(i) $f_X(x) = \begin{cases} \dfrac{1}{x\sqrt{2\pi}\sigma}\exp\left[-\dfrac{1}{2\sigma^2}(\log x - \mu)^2\right] & x > 0 \\ 0 & x \leq 0 \end{cases}$

(ii) $\mathrm{E}(X) = e^{\mu + \frac{1}{2}\sigma^2}$，$\mathrm{Var}(X) = e^{2\mu + 2\sigma^2} - e^{2\mu + \sigma^2}$

第 4 章

問 1　(i) $f_X(\boldsymbol{x}) = \begin{cases} p^{\sum_{i=1}^n x_i}(1-p)^{n - \sum_{i=1}^n x_i} & x_i = 0, 1, \ldots \\ 0 & \text{その他の場合} \end{cases}$

(ii) $f_X(\boldsymbol{x}) = \begin{cases} \dfrac{e^{-n\lambda}\lambda^{\sum_{i=1}^n x_i}}{x_1! \ldots x_n!} & x_i = 0, 1, \ldots \\ 0 & \text{その他の場合} \end{cases}$

(iii) $f_X(\boldsymbol{x}) = \begin{cases} p^n(1-p)^{\sum_{i=1}^n x_i} & x_i = 0, 1, \ldots \\ 0 & \text{その他の場合} \end{cases}$

(iv) $f_X(\boldsymbol{x}) = \begin{cases} \left(\dfrac{1}{b-a}\right)^n & a \leq x_i \leq b \\ 0 & \text{その他の場合} \end{cases}$

(v) $f_X(\boldsymbol{x}) = \dfrac{1}{(2\pi\sigma^2)^{\frac{n}{2}}} \exp\left\{-\dfrac{1}{2\sigma^2}\sum_{i=1}^{n}(x_i-\mu)^2\right\}$

(vi) $f_X(\boldsymbol{x}) = \begin{cases} \lambda^n e^{-\lambda\sum_{i=1}^{n} x_i} & x_i > 0 \\ 0 & \text{その他の場合} \end{cases}$

問2　$f(u) = \begin{cases} 0 & u \leq -3 \text{ または } 3 < u \\ \dfrac{1}{16}(u+3)^2 & -3 < u \leq -1 \\ \dfrac{1}{8}(3-u)^2 & -1 < u \leq 1 \\ \dfrac{1}{16}(3-u)^2 & 1 < u \leq 3 \end{cases}$

問3　(i) パラメータ n, p の二項分布 (ii) パラメータ n, λ のガンマ分布 (iii) パラメータ $n\lambda$ のポアソン分布

問4　略

問5　(i) $f_R(r) = \begin{cases} r(n-1)r^{n-2}(1-r) & 0 \leq r \leq 1 \\ 0 & \text{その他の場合} \end{cases}$

(ii) $\mathrm{E}(R) = \dfrac{n-1}{n+1}, \mathrm{Var}(R) = \dfrac{2(n-1)}{(n+1)^2(n+2)}$

問6　$n \geq 97$

問7〜10　略

問11　0.2812

章末問題

問題1

$$f_{U,V}(u,v) = \begin{cases} \dfrac{1}{2} & \{0 < u < 1, -u_1 < v < u_1\} \cup \{1 \leq u < 2, u-2 < v \\ & < 2-t\} \\ 0 & \text{その他の場合} \end{cases}$$

問題2　$\mathrm{E}(S^2) = \dfrac{n-1}{n}\sigma^2,\ \mathrm{Var}(S^2) = \dfrac{2(n-1)}{n^2}\sigma^4$

問題3〜8　略

第5章

問1〜5　略

問6　$\dfrac{\theta^2}{3n}$

問7　$\dfrac{\theta^2}{n(n+2)}$

問8〜16　略

問17　$\dfrac{1}{\overline{X}}$,　$\overline{X}\log 2$

問18　$\hat{q}_\alpha = \overline{X} + k_\alpha \sqrt{\dfrac{1}{n}\displaystyle\sum_{i=1}^{n}(X_i - \overline{X})^2}$,　$\overline{X}^2 + \dfrac{1}{n}\displaystyle\sum_{i=1}^{n}(X_i - \overline{X})^2$

問19　$X_{(1)}$,　$X_{(n)}$,　$\dfrac{X_{(1)} + X_{(n)}}{2}$,　$\dfrac{(X_{(n)} - X_{(1)})^2}{12}$

問20　$\hat{p} = \dfrac{1}{(1+\overline{X})}$,　$\hat{p} = \dfrac{1}{(1+\overline{X})}$,　$\dfrac{1-\hat{p}}{\hat{p}^2}$

問21　$\dfrac{\alpha}{\overline{X}}$

問22　$\dfrac{1}{(\overline{X}-\mu)}$

問23　$\hat{\mu}_1 = \overline{X}$,　$\hat{\mu}_2 = \overline{Y}$,　$\hat{\sigma}_1^2 = \dfrac{1}{n}\displaystyle\sum_{i=1}^{n}(X_i - \overline{X})^2$,　$\hat{\sigma}_2^2 = \dfrac{1}{n}\displaystyle\sum_{i=1}^{n}(Y_i - \overline{Y})^2$

$$\hat{\rho} = \frac{1}{n\hat{\sigma}_1\hat{\sigma}_2}\sum_{i=1}^{n}(X_i - \overline{X})(Y_i - \overline{Y})$$

問24　$X_{(n)}$

問25　$\overline{X} - 1$

問26　$\hat{\alpha} = \dfrac{\overline{X}^2}{\frac{1}{n}\sum_{i=1}^{n}[X_i - \overline{X}]^2}$,　$\hat{\beta} = \dfrac{\overline{X}}{\frac{1}{n}\sum_{i=1}^{n}[X_i - \overline{X}]^2}$

問27　略

問28　n は 11 以上

問29　$[13.19, 17.01]$,　$[5.79, 29.45]$

問30　$[15.40, 20.61]$

問31　$[592.16, 607.84]$

問32　$[1.5, 2.1]$

問33　$[0.360, 0.440]$

問34　$[0.06, 0.38]$

章末問題

問題 1　略

問題 2　略

問題 3　(i) 15.1,　(ii) 18.2,　(iii) 4188.74,　(iv) $(13.0689, 17.0611)$,
(v) $(8.9576, 50.4978)$

問題 4　1.17,　0.311

問題 5　0.502,　$(4.83, 11.73)$

問題 6　$\frac{rn}{k}$ を超えない最大の整数値

問題 7　$\frac{rn}{k}$ を超えない最大の整数値

問題 8　略

問題 9　$\overline{X}$,　$\left[3\sum_{i=1}^{n}\dfrac{(X_i-\overline{X})^2}{n}\right]^{\frac{1}{2}}$

問題 10　標本メジアンとなる

問題 11　略

問題 12　$\hat{\mu}=X_{(1)}$,　$\hat{\lambda}=\overline{X}-X_{(1)}$

問題 13　$\mathrm{Var}(T)=pt_{-1}^2+(1-t_{-1})^2\dfrac{p^2+p}{1-p}-p^2$

問題 14　略

第 6 章

問 1　(i)(a) 0.21186,　(b) $1\text{-}\Phi(20.8-\frac{2}{5}\mu)$,
(ii)(a) 0.02275,　(b) $1-\Phi(52-\mu)$,　(iii)(a) < 0.000041,　(b) $1-\Phi(104-2\mu)$

問 2　$\beta(\theta)=(\frac{0.7}{\theta})^n$,　$(0.7)^n$

問 3　$\sum_{i=1}^{n}x_i^2>c$ ならば H_0 を棄却,　$P(\chi_n^2>\frac{c}{\sigma_0^2})=\alpha$

問 4　$\sum_{i=1}^{n}x_i^2>c$ ならば H_0 を棄却,　$P(\chi_n^2>\frac{c}{\sigma_0^2})=\alpha$

問 5　$\sum_{i=1}^{n}x_i<c$ ならば H_0 を棄却,　$\int_0^c\dfrac{\left(\frac{1}{\theta_0}\right)^{n\alpha}}{\Gamma(n\alpha)}t^{n\alpha-1}e^{-\frac{t}{\theta_0}}dt=\alpha$

問 6　棄却域は $\{\boldsymbol{x};\sum_{i=1}^{20}x_i^2>868\}$,　検出力関数は $P(\chi_{20}^2>\frac{868}{\sigma^2})$,　棄却される

問 7　$\dfrac{\sum_i^n(X_i-\overline{X})^2/(n-1)}{\sum_j^m(Y_j-\overline{Y})^2/(m-1)}<c_1'$ または,　$\dfrac{\sum_i^n(X_i-\overline{X})^2/(n-1)}{\sum_j^m(Y_j-\overline{Y})^2/(m-1)}>c_2'$ ならば H_0 を棄却, 検出力関数は $P(F_{n-1,m-1}<\frac{\sigma_2^2}{\sigma_1^2}c_1')+P(F_{n-1,m-1}>\frac{\sigma_2^2}{\sigma_1^2}c_2')$

問 8　棄却されない，有意確率は 0.453，信頼区間は $[-0.059,\ 0.159]$

問 9　棄却される，有意確率 0.0064

問 10　棄却されない，信頼区間は $[2.441, 15.399]$

問 11　棄却される，有意確率は 0.0017

問 12　$Q(x) = 6.36$，$0.9 < p$ 値 < 0.95

問 13　$Q(x) = 1.79$，$0.3 < p$ 値 < 0.4

問 14　$Q(x) = 22.35$，尤度比検定統計量 $-2\log\lambda(x) = 17.90$，p 値 < 0.01

問 15　$Q(x) = 10.71$，p 値 < 0.005

問 16　$Q(x) = 0.83$，$0.1 < p$ 値 < 0.2

章末問題

問題 1　最高気温の平均は等しいという仮説は棄却される，$[20.774, 23.893]$

問題 2　$[0.514, 0.706]$，帰無仮説は棄却され $p > 0.5$ と判断される

問題 3　水準 0.05 で男女間のスマホを見る時間に差があると判断される（H_0 は棄却）

問題 4　水準 0.05 で製品が基準通りに作られていないと判断される（H_0 は棄却）

問題 5　水準 0.05 で各店舗における来客人数の分散は異なるとはいえない（H_0 は棄却されない）

問題 6　水準 0.05 で血圧を下げる効果があるとはいえない（H_0 は棄却されない）

問題 7　水準 0.05 でメーカーの予想とあわないと判断される（H_0 は棄却）

問題 8　水準 0.05 でポアソン分布に従わないと判断される（H_0 は棄却）

問題 9　水準 0.05 で水泳経験と死亡数は独立であるとはいえない（H_0 は棄却されない）

問題 10　水準 0.05 で意見比率は等しくないとはいえない（H_0 は棄却されない）

問題 11, 12　略

索　引

英字

A

B

C

D

さ行

た行

な行

は行

ま行

や行

ら行

わ行

著者略歴

□監修者

せお　たかし
瀬尾　隆

1994年　広島大学大学院理学研究科数学専攻博士課程修了 博士（理学）
現　在　東京理科大学理学部第一部応用数学科 教授

□著者

しもかわ　あさなお
下川　朝有

2015年　東京理科大学大学院理学研究科数理情報科学専攻修了 博士（理学）
現　在　東京理科大学理学部第二部数学科 准教授

や ぎ　あや か
八木　文香

2018年　東京理科大学大学院理学研究科応用数学専攻修了 博士（理学）
現　在　東京理科大学理学部第一部応用数学科 講師

みやおか　えつ お
宮岡　悦良

現　在　東京理科大学 名誉教授

理工系のための入門数理統計学演習

Printed in Japan

2024年10月25日 第1刷発行

監　修　瀬尾　隆

著　者　下川朝有・八木文香
宮岡悦良

発行所　東京図書株式会社

〒102-0072 東京都千代田区飯田橋 3-11-19
振替 00140-4-13803 電話 03(3288)9461
http://www.tokyo-tosho.co.jp/

ISBN 978-4-489-02434-4